HORST ALTMANN

Giftpflanzen Gifttiere

Merkmale, Giftwirkung, Therapie

Extras: **Zimmerpflanzen, großer Fototeil Früchte, Ziersträucher für Garten und Schulhof**

BLV

Die Deutsche Bibliothek –
CIP-Einheitsaufnahme

Giftpflanzen, Gifttiere : Merkmale, Giftwirkung, Therapie; Extras: Zimmerpflanzen, grosser Fototeil Früchte, Ziersträucher für Garten und Schulhof / Horst Altmann. – 3., durchges. Aufl. – München ; Wien ; Zürich : BLV, 1997
ISBN 3-405-14186-9
NE: Altmann, Horst

3., durchgesehene Auflage

BLV Verlagsgesellschaft mbH,
München Wien Zürich
80797 München

Lektorat: Dr. Friedrich Kögel
Herstellung: Ernst Großkopf

Satz: Filmsatz Schröter GmbH, München
Druck: Appl, Wemding
Bindung: Bückers, Anzing
Einbandgestaltung: Studio Schübel, München

Gedruckt auf chlorfrei gebleichten Papier

Printed in Germany · ISBN 3-405-14186-9

Bildnachweis:

Altmann: 16, 18, 32 o., 36, 37, 47 r., 50 r., 57 o., 71, 75 r., 81 u., 90, 111, 114 o., 115, 118, 121 o.r., 122 M.r., 123 o.l., 126 o.r., 127 o.l., 127 o.r.
Angermayer: 30, 73 u., 128 u.r.
de Cuveland: 21, 34, 40, 63 u., 65, 112 u., 122 u.r., 128 o.r.
Eisenbeiss: 23, 38, 39, 50 l., 56 u., 59, 60 l., 69, 83 o., 83 u., 84 l., 85 o., 85 u., 86 o., 86 u., 87 o., 88 o., 119 o.r., 120 u.r., 121 u.r., 123 u.r., 124 u.l., 125 o.r., 126 M.l., 126 M.r., 126 u.r., 127 u.l., 127 u.r.
Eisenreich: 67
Elfner/Angermayer: 74
Ewald: 19, 35, 81 o., 110 o.
Hagemann: 104
Hecker: 15 o.
König: 27, 32 u., 89, 92, 94, 99, 105, 114 u., 117, 120 M.l.
Kullmann: 93
Pfletschinger/Angermayer: 45, 91 o., 91 u., 101 o., 101 u., 103 l., 106, 110 u., 112 o., 119 u.r.
Pforr: 20 o., 20 u., 25 (Blüten), 49, 52, 54, 62, 68, 70, 76, 96 o., 96 u., 100, 107, 108, 109, 113, 120 o.l., 120 o.r., 122 u.l., 123 M.l., 123 u.l., 124 M.l.
Pott: 2/3, 6, 63 o., 77, 79, 98 l., 103 r.
Reinhard: 12, 17, 25 (Früchte), 29, 42 o., 42 u., 43, 47 l., 56 o., 57 u., 60 r., 61, 66, 73 o., 75 l., 78, 80, 87 u., 98 r., 119 u.l., 121 o.l., 121 M.l., 122 o.l., 122 o.r., 122 M.l., 123 o.r., 123 M.r., 124 o.l., 124 o.r., 124 M.r., 124 u.r., 125 u.l., 127 M.l., 127 M.r., 128 o.l., 128 M.l., 128 M.r.
Schrempp: 28
Seidl: 15 u., 24, 41, 44, 46, 48, 51, 55, 83 M., 84 r., 87 M., 88 u., 120 M.r., 120 u.l., 121 M.r., 121 u.l., 125 o.l., 125 M.l., 125 M.r., 126 o.l., 126 u.l.
Synatzschke: 128 u.l.
Trutnau: 116
Wolfstetter: 14, 33, 102, 119 o.l.
Wothe: 26, 53, 72, 95, 125 u.r.

Fotos auf dem Umschlag:
Pforr (Deutsche Wespe),
Reinhard (Tollkirsche, Goldregen, Eibe)

Foto S. 2/3: Goldregen
Foto S. 6: Eberesche

Vorwort

Wenn ich als klinischer Toxikologe, also als Arzt, der sich beruflich täglich mit der Erkennung und Behandlung von Vergiftungen zu befassen hat, gebeten wurde, zu diesem Taschenbuch ein Vorwort zu schreiben, mag dies etwas ungewöhnlich erscheinen.
Wenn wir jedoch jedes Jahr in unserem Giftnotruf mit fast 2000 Vergiftungsereignissen durch Pflanzen oder Tiere konfrontiert werden, bekommt man hierbei etwas Einblick in diesen Bereich.

Kurz zusammengefaßt kann man wohl sagen: Kenntnisse in Naturkunde: mangelhaft.

Wir können uns zwar im Fernsehen über die exotische Fauna und Flora informieren, für den Fachmann gibt es auch eine ganze Reihe sehr guter, aber durchwegs teurer Spezialliteratur, doch die Schönheiten und Gefahren der Natur in unserer unmittelbaren Umgebung sind in unserer auch biologisch aufgeklärten Zeit nicht nur den meisten Laien, sondern auch vielen Ärzten unbekannt. Sieht man sich entsprechende Lehr- und Studienpläne einmal genauer an, wird das wohl niemanden mehr wundern.
Ganz ähnlich verhält es sich mit toxikologischen Kenntnissen: Einerseits kennt man im offiziellen Sprachgebrauch zwar Noxen, Schadstoffe, Gefahrenstoffe usw., aber kein Gift; andererseits meint der Laie, alles was giftig ist, käme aus der chemischen Industrie. Hier die rechte Mitte zu finden, gelingt wohl auch, wenn wir uns etwas näher in der uns umgebenden Natur umsehen. Ein Leben ganz ohne Gifte wird es wohl nie geben, und auch von einem Verbot aller chemischen Waffen werden sich ebensowenig Kreuzottern und Ameisen beeindrucken lassen wie unsere Wälder, die eine Reihe eindeutig nachgewiesener krebsauslösender Stoffe produzieren.
Vor diesem Hintergrund erfüllt das bisher als BLV Naturführer erschienene Taschenbuch »Giftpflanzen – Gifttiere« von Horst Altmann eine wichtige Aufgabe:
Nicht nur bei den glücklicherweise relativ seltenen, wirklich ernsten Vergiftungen mit Giftpflanzen oder giftigen Tieren als rasche Orientierungshilfe für den Ersthelfer und auch den Arzt(!), sondern auch als exzellente Handreichung für Lehrer und Erzieher. Besonders geeignet ist dieses Taschenbuch für Eltern als Begleiter bei gemeinsamen Spaziergängen mit ihren Kindern und last not least für jedermann als »Mitbringsel« oder Geschenk für viele Gelegenheiten.

Prof. Dr. med. Max von Clarmann
Leitender Arzt der Toxikologischen Abteilung der II. Medizinischen Klinik rechts der Isar der Technischen Universität München

Inhalt

Einführung

Vorsicht: Gift im Garten.
Goldregen kann giftig sein.
15 Kinder aßen Goldregen – vergiftet.
Der Tod lauert am Kinderspielplatz!

Diese Schlagzeilen sind nicht frei erfunden; sie standen als Überschriften in Tageszeitungen. Die Ursachen waren in jedem Fall sogenannte Massenvergiftungen. Das heißt, daß mehrere Personen – hauptsächlich waren Kinder die Betroffenen – zur gleichen Zeit durch den Genuß derselben Pflanzenteile mehr oder weniger schwer erkrankt waren. Meist wurden diese Vergiftungen nicht durch Pflanzen hervorgerufen die man in unwegsamen Gegenden, in dunklen Wäldern, in moorigen Landschaften und Sümpfen suchen mußte, sondern durch solche, die man sowohl in kleinen Ortschaften als auch in Großstädten finden kann und die dort nicht nur in Gärten und Anlagen, als Straßenbegrenzung oder als lebende Zäune, sondern sogar – zur Zierde – in Kindertagesstätten, Schulen, Sportplätzen und Freibadeanlagen angepflanzt sind.

Wespe griff Fahrer an:
LKW walzte vier Autos nieder.
Eine Wespe – Pferde kriegten die Kurve nicht.
Rekord: 74 Wespenschwärme!

Auch dies waren Schlagzeilen in Tageszeitungen. Hier waren nun einzelne Tiere die Verursacher und einzelne Personen die Betroffenen. Sollte man nun, nur weil der Lenker eines LKW nicht rechtzeitig stehenblieb, um die Wespe aus seinem Führerhaus zu entfernen, oder weil ein angespanntes Pferd von einer Wespe (?) gestochen wurde und daraufhin davongaloppierte, alle diese ungeliebten Insekten vernichten? Solchem Denken entsprang vielleicht die Erfolgsmeldung einer deutschen Großstadtfeuerwehr, daß an einem Tag 74 Wespenschwärme eingefangen und vernichtet wurden. Wenn wir schon mit atomarer Strahlung, schadenbringender Chemie und unvermeidlichen Abgasen leben müssen, sollten wir auch versuchen, mit Tieren auszukommen, die durch den Menschen ihren natürlichen Lebensraum verlieren.
In einigen deutschen Städten wurden Informationsblätter über Wespen und Hornissen herausgegeben, in denen die unterschiedlichen Lebensweisen der verschiedenen Arten aufgeführt sind. Man erfährt auch vom richtigen Umgang mit Wespen und Hornissen in Nestnähe und abseits vom Nest, oder wie man sich ihnen gegenüber am Frühstückstisch verhält und wie man sie vertreiben kann, ohne gestochen zu werden.

Alle diese Vorkommnisse waren eigentlich der Anlaß, ein Büchlein über giftige Pflanzen und Tiere zu schreiben, das keinen Anspruch auf Vollständigkeit erhebt, das aber dem Bestimmen und Kennenlernen dienen soll, um damit Vergiftungen zu verhindern, indem es das Kind, den Jugendlichen und auch den Erwachsenen auf eventuelle Vergiftungsmöglichkeiten durch Pflanzen und Tiere hinweist. Bei eingetretenen Vergiftungen soll es dem Laien dann helfen, sich richtig zu verhalten, Erste-Hilfe-Maßnahmen zu ergreifen und, wenn nötig, dieses Büchlein auch zum behandelnden Arzt mitzunehmen, dem es erleichtert werden soll, über die Identifizierung des Verursachers rasch zur richtigen Therapie zu gelangen.
Bei der Zusammenstellung des Manuskriptes war es sehr schwer, eine geeignete Auswahl giftiger Tiere und Pflanzen zu finden; denn was ist giftig? Schon der große Arzt und Naturforscher Paracelsus (1494–1541) sagt: »Alle Dinge sind Gift und nichts ist ohne Gift, allein die Dosis macht, daß ein Ding kein Gift ist.« So wird auch der Inhalt dieses Buches vielleicht seinem Titel nicht ganz gerecht. Denn welches Gewächs ist schon eine wirkliche »Giftpflanze« und welches Lebewesen ein ausgesprochenes »Gifttier«? Meist enthalten doch beide nur mehr oder weniger genau bekannte Stoffe, die dem menschlichen Organismus Schaden zufügen können, wenn sie, auf irgendeine Art und Weise und in zu hohen Dosen, dem Körper zugeführt werden. Es beinhalten also viele Pflanzen und Tiere Stoffe, die zwar als giftig gelten oder auch als Gift beschrieben sind, aber, genau dosiert, in der Hand des Arztes als Heilmittel wirken.
Ganz bewußt wurden z. B. das Mandelbäumchen *(Prunus amygdalus)* oder die in vielen Unterarten vorkommenden Pfingstrosen-, Rhododendron- oder Azaleengewächse ebenso wie die Küchenschelle weggelassen, da durch sie in den letzten Jahren keine nennenswerten Vergiftungen bekannt geworden sind und die verhältnismäßig wenigen Anfragen bei den Gift-Notruf-Zentralen meist nur der Information dienten.
Wenn nun auch Planzen wie die Gartenbohne oder die Vogelbeere ausgeführt sind, dann nur deshalb, weil Vergiftungen durch den Genuß der rohen Bohnen bzw. Beeren bekannt wurden. Gekocht die eine, als Tee oder Marmelade zubereitet die andere, ist keine der beiden Pflanzen giftig. Oft sind auch dann, wenn bei Gift und Wirkung keine näheren Angaben gemacht werden, große Mengen von Teilen einer Pflanze notwendig, um die genannten Vergiftungserscheinungen hervorzurufen.
Bei den als »giftig« angeführten Zimmerpflanzen wurden die Statistiken zweier großer deutscher Giftnotrufzentralen ausgewertet; hier war nicht unbedingt die Giftigkeit, sondern mehr die Häufigkeit der Anrufe ausschlaggebend.
Während bei den Pflanzen meist die Toxizität oder die Häufigkeit des Vorkommens, vor allem aber

bekanntgewordene Vergiftungen eine große Rolle spielten, wurde bei der Auswahl der Tiere von anderen Gesichtspunkten ausgegangen. Hier sind einige in der Lage durch Bisse und Stiche Giftstoffe auf den Menschen zu übertragen, andere wehren sich, indem sie giftige Stoffe über Hautdrüsen ausscheiden. Wieder andere sind überhaupt nicht giftig, unter Umständen aber für den Menschen gefährlicher als es scheint, nämlich als Überträger von Krankheiten. Dazu zählen einige Arten der Stechmücken und die Zecke.
Wenn bei einigen Tieren über Erste Hilfe nichts geschrieben steht, so nur deswegen, weil es entweder nicht notwendig ist, aus der Therapie hervorgeht oder ein eventuell notwendiges Händewaschen weder als Erste Hilfe noch als Therapie, sondern ganz einfach als selbstverständliche Vorsichtsmaßnahme zu bewerten ist.
Erwähnt werden sollte noch, daß sämtliche Amphibien und auch die beschriebenen Vipern unter Naturschutz stehen. Viele dieser Tiere sind vom Aussterben bedroht; man sollte also nicht ein übriges tun und sie umbringen und erschlagen, nur weil sie giftig sind und vielleicht sogar »häßlich« aussehen. Daß z.B. durch das Berühren von Kröten auf der menschlichen Haut Warzen entstehen können, ist derselbe Unsinn wie die Behauptungen, daß Kreuzottern Menschen anspringen, oder daß 3 Hornissenstiche einen Menschen töten.

Alle Arten, die nach der Bundesartenschutzverordnung vom 19. 12. 1986 in Deutschland geschützt sind, wurden im Buch mit »G« gekennzeichnet. Darüber hinaus ist mit den Kürzeln »R 0« bis »R 4« angegeben, ob eine Art in der »Roten Liste« der gefährdeten Wirbeltiere (Ausgabe 1994) oder Pflanzen (Ausgabe 1996) Deutschlands verzeichnet ist.
Dabei bedeuten: R 0 = ausgestorben oder verschollen; R 1 = vom Aussterben bedroht; R 2 = stark gefährdet; R 3 = gefährdet; R 4 = potentiell gefährdet. Diese Angaben beziehen sich auf das Gebiet der BRD. Entsprechende Regelungen und Listen gibt es auch in anderen Ländern.
Da dieses Büchlein nicht nur dem Laien und Naturfreund, sondern auch dem Arzt dienlich sein soll, konnte verständlicherweise nicht auf einige medizinische Fachausdrücke verzichtet werden. Soweit sie bei Vergiftungserscheinungen unumgänglich notwendig waren, sind sie auf Seite 134 zusammengefaßt und erklärt. Gift und Wirkung sind ausschließlich für den Arzt bestimmt, da ja gerade die Wirkung durch einen anderen als den beschriebenen Stoff zwar eine gleiche sein kann, aber eine andere Therapie erfordert. Ebenso ist die Therapie nur für den Arzt bestimmt; auch hier sind viele Fachausdrücke verwendet, die aufzuschlüsseln aber aus Platzgründen nicht möglich ist.
An dieser Stelle möchte ich Herrn Professor Dr. M. v. Clarmann, Leitender Arzt der Toxikologischen

Abteilung der Technischen Universität München, und seiner Mitarbeiterin, Frau Dr. Gerber, für ihre Mithilfe und Ausarbeitung der fachmedizinischen Belange herzlich danken.

Auslösen von Erbrechen bei Vergiftungen

Anschließend an die Beschreibung von Krankheitsbildern, die durch pflanzliche Vergiftungen aufgetreten sind, heißt es bei der Ersten Hilfe immer wieder »Erbrechen auslösen«; selbst dann, wenn allein durch die Aufnahme bestimmter Stoffe der menschliche Körper eine natürliche Abwehrreaktion zeigt und der Betroffene erbricht, ohne es zu wollen. Dies ist vor allem dann günstig, wenn die Zeitspanne zwischen Aufnahme und Erbrechen nicht allzu groß ist und der Hauptteil der aufgenommenen Stoffe noch nicht resorbiert wurde. Da sich jedoch der Magen nur dann vollkommen entleert, wenn er mit Flüssigkeit gefüllt ist, muß auch in diesem Falle für ein weiteres Erbrechen Sorge getragen werden, indem man den Betroffenen lauwarmes Wasser trinken läßt.

Soll das Erbrechen künstlich ausgelöst werden, so ist folgendes empfehlenswert: Da nicht davon ausgegangen werden kann, daß in jedem Haushalt ein medizinisches Brechmittel vorhanden ist, läßt man den Erwachsenen schnell etwa ½ Liter warmes Salzwasser trinken und reizt dann, wenn nötig, die Rachenwand mit dem Finger oder einem Löffelstiel bis zum Eintreten des Erbrechens. Dies wird solange wiederholt, bis das Erbrochene der aufgenommenen Flüssigkeit gleicht. Bei Kindern und Kleinkindern ist Salzwasser gefährlich und keinesfalls anzuwenden! Man nimmt statt dessen lauwarmes Wasser, das man eventuell mit Fruchtsäften vermischen kann. Wenn ein Kind erbrechen soll, ist es außerdem ratsam, daß es von einem sitzenden Helfer in Bauchlage quer über dessen Oberschenkel gelegt und gehalten wird (s. Grafik unten links).

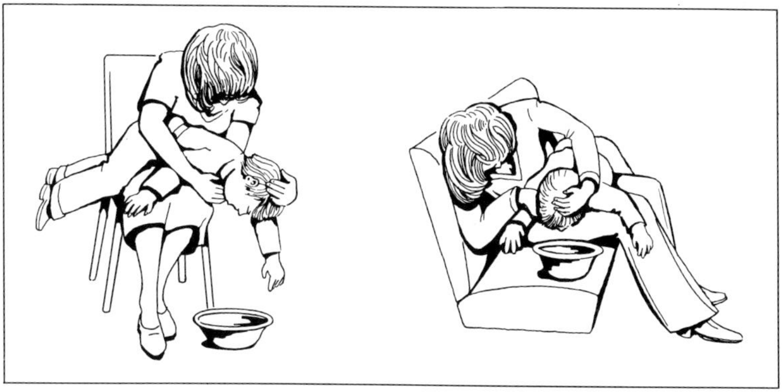

Folgendes ist besonders zu beachten:

1. Bei Erwachsenen auf Zahnprothesen achten, evtl. entfernen!
2. Auch Kleinkinder können sehr fest zubeißen; wenn der Helfer keinen Löffelstiel nimmt, vorsorglich den Finger wenigstens mit einem Taschentuch umwickeln!
3. Beim Erbrechen ist darauf zu achten, daß der Kopf grundsätzlich mit dem Gesicht nach unten gehalten wird, da sonst die Möglichkeit besteht, daß beim Einatmen Erbrochenes in die Luftröhre gelangen kann. Achtung: Erstickungsgefahr!
4. Das zuerst Erbrochene aufheben und dem Arzt übergeben. Ebenso sollten evtl. noch vorhandene Pflanzen- oder Beerenreste mitgenommen werden, da nach einer schnelleren Identifizierung des Verursachers auch die Behandlung rascher und gezielter beginnen kann.
5. Wird der Transport zum Arzt oder in das Krankenhaus mit einem PKW durchgeführt, so sollte unbedingt ein zweiter Helfer mitfahren, der den Vergifteten ständig beobachtet. Hauptsächlich bei Kindern ist darauf zu achten, daß diese grundsätzlich auf dem Bauche liegend gefahren werden (s. Grafik S. 11 unten rechts). Die Möglichkeit des Erbrechenlassens muß gegeben sein!

Eibenzweig mit grünen und reifen Scheinbeeren

Wildpflanzen und Gartenformen

Eibe

Taxus baccata R 3, G

Eibengewächse, Taxaceae. **Merkmale:** Die immergrüne Pflanze kann als Strauch mit weit ausladenden Zweigen oder als mittelgroßer Baum mit oft gegabeltem Stamm und unregelmäßiger Krone wachsen und eine Höhe von etwa 15 m erreichen. Die Eibe wächst sehr langsam und kann über 1000 Jahre alt werden. Ihre anfangs rotbraune, glatte Rinde wird später graubraun, sich in Platten ablösend. Die Blätter sind etwa 2 mm breite und 20–30 mm lange, spitze, aber weiche Nadeln mit glänzend grüner Oberseite und etwas hellerer, matter Unterseite. Von März bis April stehen die kleinen unscheinbaren Blüten unterseits an den Zweigen. Ab August reifen die Samen, umgeben von einer fleischigen, roten, eiförmig-becherartigen, etwa erbsengroßen Scheinbeere. **Vorkommen:** Europa. Wildwachsend nur gebietsweise häufig, sonst selten. In der Ebene und im Gebirge (in den Alpen bis 1200 m), in Laub- und Nadelwäldern; häufig als Ziergehölz in Gärten, Anlagen und auf Friedhöfen. **Gift:** Mit Ausnahme des süßlich schmeckenden, roten Fruchtfleisches der Scheinbeeren sind in allen Teilen der Pflanze das äußerst giftige Taxin sowie andere Stoffe enthalten. Vergiftungen, auch solche mit tödlichem Ausgang, sind bekannt und beschrieben. Hauptsächlich betroffen waren Kinder. Da beim Essen der Beeren der meist unzerkaute giftige Samen durch die Verdauung wieder abgeht, kommen Vergiftungen durch das Taxin der Eibe meist nicht durch den Verzehr dieser Scheinbeeren zustande, sondern häufiger durch das Kauen an den Nadeln und Zweigen dieser Pflanze. Nicht nur für Menschen kann das Gift der Eibe gefährlich sein, sondern auch für Tiere. So wurden z. B. Pferde beobachtet, die 5 Minuten nach dem Fressen von Nadeln und Zweigen tot zusammengebrochen sind. **Wirkung:** Zentral erregende und lähmende, vor allem das Atemzentrum betreffende Wirkung; starke Herzwirkung mit initialer Pulsbeschleunigung, dann mit Bradykardie und diastolischer Erschlaffung; wirkt auch reizend auf Magen und Darm. **Vergiftungserscheinungen:** 1–2 Stunden nach der Giftaufnahme kommt es zu Erbrechen mit Leibschmerzen, Schwindel, Bewußtlosigkeit, Erweiterung der Pupillen, oberflächlicher Atmung, zunächst schnellerem dann verlangsamtem, unregelmäßigem Puls, Kreislaufschwäche, Tod durch Atemlähmung. **Erste Hilfe:** Durch Aufnahme weniger Beeren besteht keine Vergiftungsgefahr. Nach Verzehr von Nadeln oder vieler Beeren: Erbrechen auslösen, Arzt aufsuchen. **Therapie:** Magenspülung, Kohle, Abführmittel, Spasmolytika; bei Atemstörungen künstliche Beatmung, Sauerstoff, intensive Überwachung mit Monitor, Kreislaufhilfe.

Sadebaum

Juniperus sabina R3

Zypressengewächse, Cupressaceae. **Merkmale:** Bis 3 m hoher Strauch oder Baum mit niederliegendem Stamm. Die Blätter sind linealisch und an jungen Sträuchern stachelspitzig abstehend, bei älteren meist schuppenartig anliegend und sich dachziegelartig deckend. Die Früchte sind kugelige Beerenzapfen, die einzeln an kurzen Stielen hängen und in der Reife blauschwarz und meist bereift sind. **Vorkommen:** Alpenpflanze in den Gebirgen Mittel- und Südeuropas; auch als Ziergehölz angepflanzt. **Gift:** Ätherisches Öl mit giftigen Substanzen wie Sabinol, Sabinen und anderen Terpenabkömmlingen. **Wirkung:** Heftige Reizwirkung auf der Haut mit Nekrosen bis in tiefere Hautschichten; innerlich Übelkeit, Erbrechen, Gastroenteritis mit heftigen, auch blutigen Diarrhöen, Verstärkung der Diurese; hohe Dosen wirken als Krampfgift. **Vergiftungserscheinungen:** Übelkeit, Erbrechen, Magen-Darm-Entzündung, heftige Durchfälle und Leibschmerzen, Nierenschädigung mit Blut im Urin und Brennen in der Harnröhre. Später Bewußtlosigkeit und Tod durch Atemlähmung. **Erste Hilfe:** Erbrechen, Arzt aufsuchen. **Therapie:** Magenspülung, Kohle, Laxans, Diuretika, Wasser- und Elektrolytausgleich, Kreislaufhilfe, bei Krämpfen Diazepam.

Zweig des Sadebaums mit Beerenzapfen

Morgenländischer Lebensbaum

Thuja orientalis

Zypressengewächse, Cupressaceae. **Merkmale:** Strauch oder Baum bis 10 m Höhe mit schuppenförmigen Blättern. **Vorkommen:** In Europa vielfach angepflanzt; oft als Hecke in Gärten und Anlagen. **Gift:** Ätherische Öle mit α- und β-Thujon. **Wirkung:** äußerlich: Hautreizung; innerlich: Krämpfe und degenerative Veränderungen der Leber, Nierenschäden und Magenschleimhautblutungen. **Vergiftungserscheinun-**

Morgenländischer Lebensbaum mit Zapfen

gen: Übelkeit, Erbrechen, Durchfall und Leibschmerzen. **Erste Hilfe:** Erbrechen auslösen, Arzt aufsuchen. **Therapie:** Magenspülung mit Medizinalkohle, symptomatische Maßnahmen. Unter Umständen auch künstliche Beatmung erforderlich.
Ähnlich ist der Abendländische Lebensbaum (*T. occidentalis*).

Schwarze Nieswurz

Helleborus niger R 3, G

Hahnenfußgewächse, Ranunculaceae. **Merkmale:** Die Schwarze Nieswurz oder Christrose blüht von Dezember bis März mit weißen, flach ausgebreiteten Blüten. Bis 30 cm hoch wird der blattlose Stengel. **Vorkommen:** Wildwachsend nur in den Berchtesgadener Alpen; häufig als Zierpflanze in Gärten. **Gift:** Saponin und die Glykoside Helleborein und Hellebrin in vermutlich allen Pflanzenteilen. **Wirkung:** Das Saponin Hellebrin wirkt an der Haut und Schleimhaut lokal reizend; Helleborein hat Digitaliswirkung. Vergiftungen wegen geringer Verbreitung der Pflanze sehr selten. **Vergiftungserscheinungen:** Kratzen im Mund, Speichelfluß, Übelkeit, Magenschmerzen, Erbrechen, Koliken, Durchfälle; Puls verlangsamt, unregelmäßig; Atemnot, Herzschwäche, Schwindel, weite Pupillen. **Erste Hilfe:** Bei größeren Mengen in ein Krankenhaus. **Therapie:** Magenspülung, Kohle, Abführmittel; Sedativa, Bettruhe.
Die Grüne Nieswurz *(Helleborus viridis)* kommt in Westeuropa und

Schwarze Nieswurz oder Christrose

Mitteleuropa, vereinzelt auch in den Alpen vor. Im südlichen Mitteleuropa und in Südeuropa wächst die Stinkende Nieswurz *(Helleborus foeticus)*. Beide ähneln in Inhaltsstoffen und Wirkung der Schwarzen Nieswurz *(Helleborus niger)* und sind ebenfalls geschützt.

Christophskraut

Actaea spicata

Hahnenfußgewächse, Ranunculaceae. **Merkmale:** Eine ausdauernde, krautige Pflanze, die eine Höhe von 30–60 cm erreicht. Die großen, langstieligen Blätter sind 3zählig gefiedert und gesägt. Von Mai bis Juni/Juli zeigen sich die kleinen weißen Blüten in dichten, endständigen oder blattachselständigen Trauben. Die länglich-eiförmigen Beeren sind im Reifezustand glänzend schwarz; sie beinhalten mehrere, in zwei Reihen angeordnete Samen und weinroten Saft. **Vorkommen:** Fast ganz Europa. In den Alpen und im Alpenvorland häufig, fehlt aber z. B. in der Nordwestdeutschen Tiefebene. In Laub- und Mischwäldern, auf lockerem, steinigem Boden. **Gift:** Im Samen und den Beeren ist ein protoanemoninartiger Stoff enthalten. **Wirkung:** Lokal reizend. **Vergiftungserscheinungen:** Auf der Haut Rötung und Blasenbildung. Nach oraler Aufnahme kommt es zu Übelkeit, Erbrechen, Magen-Darm-Reizung, Verwirrtheitszuständen und Atemnot. **Erste Hilfe:** Nicht notwendig, nur nach Aufnahme großer Mengen; im Zweifelsfalle Arzt aufsuchen. **Therapie:** Giftentfernung.

Christophskraut mit reifen Beeren

Blauer Eisenhut

Aconitum napellus G

Hahnenfußgewächse, Ranunculaceae. **Merkmale:** Ausdauernde, krautige Pflanze die mit einer rübenartigen Wurzel überwintert. Der aufrechte Stengel wird 50–150 cm hoch und trägt dunkelgrüne, gefingerte, 5–7fach eingeschnittene Blätter. Die dunkelblauen bis dunkelvioletten Blüten mit ihrem helmförmigen Aussehen zeigen sich von Juni bis September. **Vorkommen:** Europa. Hauptvorkommen in den Alpen und im Mittelgebirge; an schattigen Plätzen, auf feuchten Böden, an Gebirgsbächen. **Gift:** Die Wurzel, die Blätter und auch die Blüten enthalten das giftige Alkaloid Aconitin. Der Eisenhut wird oft als die giftigste Pflanze Europas beschrieben. Schon beim Pflücken kann das Gift durch die Haut eindringen und Hautentzündungen und schwere Vergiftungen hervorrufen. Tödliche Vergiftungen kamen vor infolge Verwechslung der Pflanze mit Sellerie- und Meerrettichwurzeln, sowie durch Verwendung von Eisenhutblättern zu Salat. **Wirkung:** Blockiert die Muskelendplatten: vorübergehende Erregung, dann Lähmung der sensiblen Nervenendigungen (lokalanästhetischer Effekt). **Vergiftungserscheinungen:** Schon 10–20 Minuten nach oraler Aufnahme Brennen und Kribbeln im Mund, in den Fingern und Zehen, dann über die Haut des ganzen Körpers, verbunden mit Schweißausbrüchen und Frösteln; später typische Pelzigkeit, Schmerzunempfindlichkeit und Gefühl der Eiseskälte. Außerdem kann es zu Übelkeit, Erbrechen, kolikartigen Durchfällen, Schmerzen in Kopf-, Hals-, Rücken- und Herzgegend, Ohrensausen, Gelbgrünsehen und Harnflußvermehrung kommen. Bei schweren Vergiftungen kann bei anfänglicher Atmungsbeschleuni-

Blauer Eisenhut

Gelber Eisenhut

gung unter den Zeichen einer Atem- und Herzlähmung mit gleichzeitiger Untertemperatur der Tod – bei erhaltenem Bewußtsein – eintreten. **Erste Hilfe:** Falls Gift verschluckt, sofort Erbrechen auslösen! Sorge für rasche ärztliche Behandlung unter genauer Beobachtung des Vergifteten. **Therapie:** Zur Giftentfernung Magenspülung, Kohle und Abführmittel. Als Antidot unter Umständen Atropin bei Bradykardie. Im Vordergrund stehen intensivpflegerische Maßnahmen der Elementarhilfe; Sorge für ausreichende Atem- und Herz-Kreislauf-Funktion, ggf. maschinelle Beatmung usw.; i. v. Gabe von Calcium bei Herzstörungen soll sich bewährt haben. Prognose ernst.

Der Gelbe Eisenhut oder Wolfseisenhut *(Aconitum vulparia)* ist ebenfalls eine Giftpflanze. Er beinhaltet dieselben Wirkstoffe wie *A. napellus*. Der Wolfseisenhut wächst mit hellgrünen Blättern und blaßgelben Blüten in Schluchten und Auwäldern und kommt von der Ebene bis 2400 m vor. Er steht ebenfalls unter Schutz. Gift bis Therapie: Siehe Blauer Eisenhut.

Buschwindröschen

Anemone nemorosa

Hahnenfußgewächse, Ranunculaceae. **Merkmale:** Das 10–20 cm groß werdende Buschwindröschen zählt zu den ersten Frühlingsblühern (März bis Mai). An jedem Blütenstengel entwickelt sich eine einzige weiße, manchmal leicht rosa gefärbte Blüte. **Vorkommen:** Zentral- und Westeuropa. In Laub- und Mischwäldern, unter Gebüschen, auf feuchten Wiesen. **Gift:** In allen Pflanzenteilen sind Protoanemonin und Anemonin enthalten. Bekannt wurde, daß ein Erwachsener nach dem Verzehr von 30 frischen Pflanzen verstarb. **Wirkung:** Äußerlich: hautreizend; innerlich: zentralerregend, zentrallähmend. **Vergiftungserscheinungen:** Nach Verschlucken Brechdurchfall, blutiger Urin; Schwindelgefühl, zentrale Erregung mit Krämpfen, Kreislaufkollaps, Atemlähmung; Schleimhautschädigung der Luftwege. **Erste Hilfe:** Im allgemeinen sind Maßnahmen der ersten Hilfe nicht notwendig. Nach dem Verzehr einer

Das Buschwindröschen ist ein typischer Frühlingsblüher.

größeren Menge Pflanzen jedoch sofort Erbrechen auslösen, Krankenhaus aufsuchen. **Therapie:** Magen-Darm-Entleerung (Medizinalkohle, salin. Abführmittel), symptomatische Behandlung der Dermatitis, der Gastroenteritis und Nephritis und der resorptiven Vergiftungserscheinungen.
Ähnlich in ihrer Wirkung sind auch das meist hellblau blühende Leberblümchen *(Hepatica nobilis)* und die im Frühjahr violett blühende, auf Kalkböden verbreitet vorkommende Gewöhnliche Kuhschelle oder Küchenschelle *(Pulsatilla vulgaris)*. Beide Arten sind geschützt.

Scharfer Hahnenfuß

Ranunculus acris

Hahnenfußgewächse, Ranunculaceae. **Merkmale:** Vom Mai bis September blühende, 30–70 cm hohe Pflanze mit stark handförmig geteilten Blättern und glänzendgelben Blüten. **Vorkommen:** Europa. Sehr häufig auf Wiesen; sowohl in der Ebene als auch im Gebirge. **Gift:** In allen Pflanzenteilen, auch in der Wurzel, sind Saponine, Protoanemonin und Anemonin enthalten. **Wirkung:** Haut- und schleimhautreizend, zentral erregend, zentrallähmend. Vergiftungen beim Menschen durch diesen,

Scharfer Hahnenfuß

auf den Wiesen wachsenden Hahnenfuß sind äußerst selten; trotzdem wurden sogar Vergiftungen mit tödlichem Ausgang (durch Essen von Wurzeln und Trinken von Pflanzensaft) bekannt. **Erste Hilfe:** Keine Gefahr bei Aufnahme geringer Mengen. Bei größeren Mengen sofort den nächsten Arzt aufsuchen, oder in das nächste Krankenhaus. **Therapie:** Magenspülung, Kohle und Abführmittel; Flüssigkeitszufuhr, Spasmolytika, Elektrolytenkontrolle, Schockbehandlung. Bei Krämpfen Barbiturate oder Benzodiazepine, Dermatitisbehandlung. Niere!
Ähnlich in Inhaltsstoffen und Wirkung sind auch folgende gelbblühenden Hahnenfußgewächse: Knolliger Hahnenfuß *(R. bulbosus)*, Gift-Hahnenfuß *(R. sceleratus)*, Brennender Hahnenfuß *(R. flammula)*, Wolliger Hahnenfuß *(R. lanuginosus)* und Wald-Hahnenfuß *(R. silvaticus)*.

Schöllkraut

Chelidonium majus

Mohngewächse, Papaveraceae. **Merkmale:** Bis 70 cm hoch wird das Schöll-, Schell- oder Warzenkraut. Der aufrechte, innen hohle Stengel dieser Staude ist an den Knoten verdickt und abstehend behaart. Bei Abreißen von Blättern oder Stengeln tritt aus den Bruchstellen ein gelber bis orangefarbener Saft. Die Blätter sind grün bis grüngrau mit hellerer Unterseite, mit rundlichen, buchtig gekerbten bis eingeschnittenen Fiederblättern und zerstreuter Behaarung. Gelbe, etwa 2 cm große Blüten in wenigblütigen Dolden von Mai bis Oktober. Die bis 5 cm langen

Schöllkraut

Früchte, schotenähnliche Kapseln, beinhalten die eiförmigen, schwarzen Samen. **Vorkommen:** Ganz Europa. Überall häufig an Gemäuern, Zäunen, Gebüschen, auf Schutt und auch in Laubwäldern. **Gift:** Alle Pflanzenteile sind giftig und enthalten 10 verschiedene Alkaloide, darunter: Chelerythrin, Chelidonin, Spartein, Chelidoxanthin und Sanguinarin. Vergiftungen sind sehr selten, aber möglich. **Wirkung:** Zentral schwach beruhigend, krampflösende Wirkung auf Bronchien und Darm, Anregung der Herztätigkeit, Erhöhung des Blutdruckes, Erweiterung der Coronargefäße. **Vergiftungserscheinungen:** Bei äußerlicher Einwirkung können sich auf der Haut Blasen und Geschwüre bilden. Innerlich kann eine heftige Reizwirkung auf den gesamten Verdauungskanal auftreten (Brennen, Schmerzen, Übelkeit, Erbrechen, blutige Durchfälle), Harndrang, Schwindel, Benommenheit, Kreislaufstörungen; in tödlichen Vergiftungsfällen: Tod im Kollaps. **Erste Hilfe:** Wegen der im allgemeinen geringen Menge aufgenommener Pflanzenteile kaum notwendig, bei größeren Mengen Klinikbehandlung. **Therapie:** Magenspülung, Medizinalkohle, Abführmittel. Mucilaginosa gegen Magen-Darm-Reizungen, Kreislaufmittel, Flüssigkeitszufuhr. Prognose ernst.

Schlafmohn kommt auch in einer weißblütigen Form vor.

Schlafmohn

Papaver somniferum

Mohngewächse, Papaveraceae. **Merkmale:** Von Juni bis August blühendes Kraut, das 40–150 cm groß wird. Am aufrechten Stengel sitzen die länglich-eiförmigen Blätter mit buchtig gezähnten Blatträndern; ihre Unterseite ist blaugrün bereift. Die großen Blüten sind weiß bis lilafarben, mit einem dunklen Fleck am Grund der Blütenblätter. Endständig sitzt auf dem behaarten Stiel die Frucht, eine bis 5 cm lange und 4 cm breite, kugelige Kapsel, die vielkammerig wächst und zahlreiche kleine Mohnsamen enthält. **Vorkommen:** Mittelmeergebiet, Südeuropa. Als Ölpflanze angebaut, kommt der Mohn im ganzen europäischen Raum vor. Auch in Gärten als Zierpflanze verbreitet. **Gift:** In allen Milchsaft führenden Organen sind die Alkaloide Morphin, Codein, Thebain, Papaverin und Narcotin enthalten. Im reifen Mohnsamen sind nur noch 0,01 % Alkaloide nachweisbar. Aus dem weißen Milchsaft wird Opium gewonnen. Vergiftungen durch Aufnahme frischer Pflanzenteile sind nicht bekannt. Früher kamen Vergiftungsfälle durch den Schlafmohn relativ oft vor, da man Kleinkindern und Säuglingen, besonders auf dem Lande, Abkochungen von unreifen Mohnköpfen als Schlaftee verabreichte. **Wirkung:** Morphin: zentral-schmerzstillend; beruhigend auf Atem- und Herzzentrum; Herabsetzung der Drüsensekretion; Beruhigung und Euphorie. Periphere Wirkung, vor allem Beeinflussung der glattmuskeligen Organe (steigert den Tonus der glatten Muskulatur). Codein: hustenstillende Wirkung. Thebain: ein Krampfgift. Papaverin: periphere, erschlaffende Wirkung auf die glatte Muskulatur (besonders günstig die krampflösende Wirkung im Gebiet des Magen-Darm-Kanals). Narcotin: verstärkt die zentral-narkotische Morphinwirkung auf das Großhirn; erregend auf die Atmung; peripher erschlaffend auf die glatte Muskulatur.

Vergiftungserscheinungen: Schon etwa ½–1 Stunde nach Einnahme des Giftes kommt es zu Schwere im Kopf, Schwindelgefühl, Erbrechen, zunehmender Benommenheit und allgemeiner Erschlaffung, Schlaf und tiefer Bewußtlosigkeit und zu, zwar schon von Anfang an bestehender, aber ständig zunehmender Atemschädigung. Die charakteristischen Hauptsymptome der akuten Vergiftung sind schwere Atemschädigung und hochgradige Pupillenverengung. Weitere Vergiftungserscheinungen: zunächst starke Verlangsamung, später Beschleunigung und Abschwächung der Herztätigkeit, Absinken der Körpertemperatur, Harn- und Stuhlverhalten. Nach oraler Einnahme des Giftes tritt der Tod oft erst nach vielen Stunden durch zentrale Atemlähmung ein. **Erste Hilfe:** Bei Aufnahme geringer Mengen nicht nötig; Vergiftungsfälle durch frische Pflanzenteile sind nicht beschrieben. In Zweifelsfällen dennoch einen Arzt aufsuchen. **Therapie:** Bei oraler Aufnahme Magenspülung, Kohle, Abführmittel. Bei bestehendem Koma keine Brechmittel, da die Gefahr der Aspirationspneumonie besteht; wachhalten, Atemhilfe. Bei Zyanose Gabe von Naloxon, 1–2 Ampullen i. v., Wiederholung in 10–20minütigen Abständen bis zur Behebung der Ateminsuffizienz oder bis zur Möglichkeit einer künstlichen Beatmung. Bei Kreislaufschädigung Kreislaufmittel; Ephedrin, Coffein; Harnblasenkatheder. Prognose günstig.

Eberesche

Sorbus aucuparia

Rosengewächse, Rosaceae.
Merkmale: Die Eberesche, auch Vogelbeerbaum genannt, wird bis etwa 10 m hoch. Aus 9–19 kleinen, länglich-lanzettlichen, am Rande scharf gesägten kleinen Blättchen sind die Laubblätter zusammengesetzt. Unangenehm riechende kleine weiße Blüten, die in großen Trugdolden stehen, trägt der Baum von Mai bis Juni. Im August beginnen die Früchte, die Vogelbeeren, zu reifen. Sie werden etwa erbsengroß, sind zuerst grün, dann leuchtend gelb bis korallenrot, und stehen in großen Büscheln. **Vorkommen:** In fast ganz Europa. In Wäldern und Gebüschen, sowohl auf trockenem als auch auf feuchtem Boden; geht auch im Gebirge bis fast an die Baumgrenze. Häufig in Gärten, Anlagen und an Straßen.
Gift: Amagdalin, Sorbinsäure und Parasorbinsäure in den Beeren.
Wirkung: Örtliche Reizwirkung; resorptive Wirkung mit rauschartigem Zustand. Vergiftungen selten, nur nach Aufnahme größerer Mengen frischer Beeren. **Vergiftungserscheinungen:** Erbrechen, Magen-Darm-Entzündung, weite Pupillen, scharlachähnliche Hautausschläge. Durch den Harn wird vermehrt Zucker und Eiweiß ausgeschieden. **Erste Hilfe:** Nicht nötig. **Therapie:** Nur bei sehr großen Mengen: Magenspülung, Mucilaginosa, Wasserverlust ausgleichen.

Besenginster in voller Blüte

Besenginster

Sarothamnus scoparius

Schmetterlingsblütler, Fabaceae. **Merkmale:** Im Frühjahr blühender, 1–2 m hoher, spärlich belaubter Strauch. Zu 1–2 sitzen die großen gelben Blüten am Stengel. Die Frucht ist eine schwarzbraune Hülse, die zahlreiche Samen enthält. **Vorkommen:** West- und Südeuropa; an sonnigen, felsigen Plätzen, an Wegrändern, auf Sand- und Heidegebieten; angepflanzt. In den Alpen fehlend. **Gift:** Das Alkaloid Spartein. **Wirkung:** Spartein wirkt auf das Zentralnervensystem; periphere Wirkung qualitativ wie Nikotin: erst erregend, dann lähmend auf die Nervenzellen des vegetativen Systems; hat auch herzberuhigende und kranzgefäßerweiternde Wirkung. **Vergiftungserscheinungen:** Bedeutend milder als bei Nikotinvergiftung, siehe Virginischer Tabak; schwere Herzstörungen sind zu erwarten; Atemstillstand. **Erste Hilfe:** Im allgemeinen nicht erforderlich; nach Aufnahme großer Mengen Erbrechen auslösen, Arzt aufsuchen. **Therapie:** Magenspülung, Kohle, Natriumsulfat; gegebenenfalls Kreislauf- und Atemhilfe.

Goldregen

Laburnum anagyroides

Schmetterlingsblütler, Fabaceae. **Merkmale:** Baumähnlicher, bis 7 m hoher Strauch mit glatter Rinde. Die dreigeteilten, langstieligen, dunkelgrünen Blätter sind an der Oberseite glatt, an der Unterseite wollig behaart. Von April bis Mai blüht der Goldregen (Bohnenbaum) in langen, reichblütigen Trauben (s. auch Foto S. 2/3). Etwa ab Juli reifen die Samen in knotigen Hülsen (bohnenähnlich), die anfangs grün und anliegend seidenhaarig sind, später jedoch fast kahl und bräunlichgrau werden. **Vorkommen:** Die ursprüngliche Heimat ist Süd- und Südosteuropa. Er wurde jedoch schon vor Jahrhunderten kultiviert und ist heute schon bis Südschweden

Goldregen wird gern als Ziergehölz gepflanzt. Im kleinen Foto die reifen Früchte. ▷

verwildert; häufig in bergigen Gegenden, auf Holzschlägen und bebuschten Hügeln. Wegen seiner Anspruchslosigkeit und seiner herrlichen Blüten in Anlagen, Gärten, Freibädern und leider auch in nächster Umgebung von Schulen und Kindergärten angepflanzt, was leider schon mehrmals die Ursache von Massenvergiftungen war. **Gift:** Cytisin ist hauptsächlich in den Blüten, im Samen und in den Wurzeln enthalten. Die meisten Vergiftungsfälle traten bei Kindern im Vorschulalter auf. Zunächst spielten die Betroffenen meist mit Blüten, Früchten und Samen, kauten dann aber an den Pflanzenteilen und verschluckten dieselben. Auch nach dem Kauen an den Zweigen und an der wie Süßholz schmeckenden Wurzel zeigten sich Vergiftungserscheinungen. **Wirkung:** Auf das Zentralnervensystem erst erregend, dann lähmend. **Vergiftungserscheinungen:** Etwa ¼–1 Stunde nach Giftaufnahme: Brennen in Mund und Rachen, Übelkeit, Erbrechen, starker Durst. Magen-Darm-Krämpfe, Schweißausbruch, Kopfschmerzen, Kreislaufkollaps, Muskelzuckungen, Krämpfe und Kontrakturstellung der Extremitäten. Bei tödlichen Vergiftungen allgemeine Lähmung. Tod im Kollaps infolge Atemlähmung. Als tödliche Dosis bei Kindern werden 3–4 Früchte bzw. 15–20 Samen angegeben. **Erste Hilfe:** Möglichst schnelle Entleerung des Magens, d. h. Erbrechen auslösen und sorgfältiger Transport ins Krankenhaus. **Therapie:** Zur Giftentfernung Magenspülung, Kohle und Abführmittel; Sedativa, Spasmolytika; bei starken Erregungserscheinungen insbesondere bei Krämpfen Hypnotika, bei Kreislauf- und Atemstörungen entsprechende Kreislaufmittel und Atemhilfe. Prognose ernst, jedoch geringe Mortalität wegen dem fast immer auftretenden Erbrechen.

Robinie

Robinia pseudoacacia

Schmetterlingsblütler, Fabaceae. **Merkmale:** Auch Falsche Akazie nennt man diesen bis 20 m hohen Baum. Die Blätter sind aus Fiederblättchen unpaarig zusammengesetzt; Fiederblättchen eiförmig bis elliptisch, ganzrandig, mit satt-

Blütentrauben der Robinie

grüner Oberseite und graugrüner Unterseite. Zweige und junge Äste sind mit paarweise stehenden Dornen besetzt. Von Mai bis Juni trägt der Baum in hängenden, lockeren, reichblütigen Trauben weiße, wohlriechende Blüten. Etwa im Oktober/November reifen dann, in Hülsen hängend, die nierenförmigen Samen, die aber erst im Februar aus den Hülsen fallen. **Vorkommen:** Die aus Nordamerika stammende Robinie ist als Zierbaum, als Forstbaum, aber auch verwildert in ganze Europa anzutreffen. **Gift:** Robin und Phasin (Toxalbumine). **Wirkung:** Agglutinierend auf Erythrozyten und gewebszerstörend. **Vergiftungserscheinungen:** Erbrechen, Schlafsucht, Erweiterung der Pupillen, Zuckungen, Kollaps. **Erste Hilfe:** Erbrechen auslösen, Krankenhaus aufsuchen. **Therapie:** Magenentleerung, Kohlegabe, Abführmittel, bei Krämpfen Diazepam.

Vielblättrige Lupine

Vielblättrige Lupine

Lupinus polyphyllus

Schmetterlingsblütler, Fabaceae. **Merkmale:** Von Juni bis August blühende, mehrjährige Pflanze, die bis 1,5 m hoch wird. Die Blätter sind 10–15zählig gefingert, die lanzettlichen Teilblättchen sind unterseits seidig behaart. 50–80 leuchtend blaue Blüten sind in übereinanderstehenden Quirlen angeordnet. **Vorkommen:** Aus Nordamerika stammende, eingebürgerte Staude, die in Wäldern, an Böschungen und als Zierpflanze vorkommt. **Gift:** Im Samen 1–1,5% Alkaloide: Lupinidin (= Spartein), Lupinin; Glykosid: Lupinid. **Wirkung:** Je nach Dosis hat Lupinidin eine erregende oder lähmende Wirkung auf das Zentralnervensystem; auf das vegetative Nervensystem übt es eine nikotinartige periphere Wirkung aus. Bei Kindern sind Vergiftungen durch Lupinensamen vorgekommen. **Vergiftungserscheinungen:**

Bald nach dem Verzehr der Samen stellen sich Speichelfluß, Übelkeit und Erbrechen ein; Schluckbeschwerden, verlangsamte Herzfrequenz, Rhythmusstörungen. In schweren Fällen an den Beinen beginnende, allmählich aufsteigende Lähmung (selten Krämpfe) bis zur tödlichen Atemlähmung bei vollem Bewußtsein. **Erste Hilfe:** Sofort nach Aufnahme von Pflanzenteilen Erbrechen auslösen, Sorge tragen für ärztliche Behandlung. **Therapie:** Magenspülung mit Kohle und Natriumsulfat. Bei aufsteigender Lähmung Intubation mit Atemhilfe; Herz-Kreislauf-Überwachung, Krampfbekämpfung; Überwachung und Ausgleich des Wasser- und Elektrolythaushaltes.

Gelbe Lupine

Lupinus luteus

Schmetterlingsblütler, Fabaceae. **Merkmale:** Im Sommer blühende, 30–60 cm groß werdende einjährige Pflanze. Die langgestielten Blätter sind 5–9zählig gefingert. In übereinanderstehenden Quirlen angeordnet sind die dottergelben, wohlriechenden Blüten. Die Frucht ist eine bis 6 cm lang und 1 cm breit werdende, knotige, dichtbehaarte Hülse, die 4–7 gelblich- oder rötlichweiße, dunkel marmorierte Samen enthält. **Vorkommen:** Aus Südeuropa kommend, in Deutschland angebaut oder verwildert. Zierpflanze. **Gift** bis **Therapie:** Siehe Vielblättrige Lupine.

Reife Hülsenfrüchte der Lupine

Ähnlich ist die Blaue Lupine *(L. angustifolius)*; diese einjährige Pflanze wird 1 m hoch und trägt hellblaue Blüten. **Gift** bis **Therapie:** Siehe Vielblättrige Lupine.

Feuerbohne

Phaseolus coccineus

Schmetterlingsblütler, Fabaceae. **Merkmale:** Die Feuerbohne ist ein 2–4 m hohes, kletterndes Kraut mit windendem Stengel. Die langstieligen Blätter sind aus 3 eiförmigen, ganzrandigen Einzelblättchen zusammengesetzt. Von Juni bis September blühend und fruchtend, zeigt die Feuerbohne langgestielte, zu mehreren (6–9) stehende feuerrote Blüten. Ebenfalls zu mehreren hängen dann die reifen Hülsen (Schoten), die sich rauh anfassen, zunächst grün, später bräunlich sind und 3–5 Samen (glatte Bohnen, schwarzbraun gefleckt) beinhalten. **Vorkommen:** Europa; angebaut. **Gift:** Phasin und Phaseolunatin. Als giftige Pflanzenteile sind ausschließlich die Bohnen bekannt; diese aber nur, wenn sie im rohen, besonders im gekeimten Zustand gegessen werden. Nach einer großen Menge verzehrter Bohnen liegt die Gefahr einer tödlichen Vergiftung im Bereich des Möglichen. Gekochte Bohnen sind unschädlich. **Wirkung:** Den Magen-Darm-Kanal reizend, geringe harntreibende Wirkung. **Vergiftungserscheinungen:** Etwa ½–1 Std. nach Aufnahme kommt es zu Erbrechen, Durchfällen mit Darmkrämpfen und Darmschleimhautentzündung, Kollaps; weite Pupillen. **Erste Hilfe:** Bei Aufnahme geringer Mengen von reifen oder unreifen Bohnen in rohem Zustand besteht keine Gefahr. Nach dem Verzehr größerer Mengen Erbrechen auslösen; Arzt verständigen, evtl. Transport ins Krankenhaus. **Therapie:** Magenspülung, Kohle und Abführmittel; Spasmolytika, Elektrolyt- und Flüssigkeitsüberwachung, Schockbekämpfung, Kreislaufmittel. Prognose günstig.

Gartenbohne

Phaseolus vulgaris

Schmetterlingsblütler, Fabaceae. **Merkmale:** Ein kletterndes Kraut, das mit linkswindendem Stengel bis etwa 4 m lang wird. Blätter aus 3 eiförmigen, ganzrandigen Einzelblättern zusammengesetzt. Die Gartenbohne blüht und reift von Juni bis September; zu mehreren (6–9) stehen ihre weißen bis gelblichweißen Blüten. Die glatten Hülsen (Schoten) sind abgeflacht, gerade bis gebogen und grün, bei Reife gelblich. In einer Schote sind 2–8 weiße Samen (Bohnen), die bis zu 1,5 cm breit und 2,5 cm lang werden. **Vorkommen:** Europa. Überall in vielen Varietäten kultiviert. **Gift:** Phasin und Phaseolunatin. Ebenso wie bei der Feuerbohne sind auch hier nur Vergiftungen durch rohe Bohnen möglich; gekocht sind sie völlig unschädlich. **Wirkung** und **Therapie:** Siehe Feuerbohne.

Blüten und Früchte der Feuerbohne. Nur rohe Bohnen sind gefährlich; gekocht sind Samen und Früchte völlig unschädlich.

Roßkastanie

Aesculus hippocastanum

Roßkastaniengewächse, Hippocastanaceae. **Merkmale:** Bis 20 m hoher Baum, weit ausladend mit reich belaubter Krone. Die dunkelgrünen, langgestielten, bis 20 cm langen Blätter sind gegenständig, gefingert, mit 5–7 sitzenden Fiedern, wobei jedes Fiederblatt verkehrt eiförmig, oben zugespitzt und ungleich gekerbt bzw. gesägt ist. In den Monaten Mai und Juni zeigt sich der Baum in wunderbarer Blütenpracht: weiße Blüten mit gelbem bis rotem Saftmal in großen, aufrechten Rispensträußen, die im Volksmund als »Kerzen« bezeichnet werden. Während dieser Zeit hat der eigentlich für uns wertlose Baum den einzigen Nutzen: als Nektarspender für unsere Bienen. Im Herbst reifen dann in einer grünen, weichen, mit Stacheln versehenen Hülle, glänzend rotbraune große Samen mit einem grauweißen Nabelfleck. Bei völliger Reife der Samen springt die Hülle auf und die Kastanien fal-

Samen der Roßkastanie; unreif können sie in größerer Menge Kindern gefährlich werden.

len zu Boden. Verwendung finden sie als Nahrung für unsere Waldtiere; auch in einigen pharmazeutischen Betrieben werden Kastanien noch zur Verarbeitung angenommen. **Vorkommen:** Ursprünglich in den Balkanländern beheimatet, wurde der Baum in Zentral- und Südeuropa eingeführt und ist nun weit verbreitet und überall anzutreffen; als Zierbaum in Anlagen, als Alleebaum und als Schattenspender in Wirtschaftsgärten. **Gift:** Die unreifen Samen und ihre grünen Schalen, vermutlich auch die Zweige, enthalten Saponine. Vergiftungen durch den Genuß der Roßkastanie sind äußerst selten; jedoch sind zwei Vergiftungsfälle mit tödlichem Ausgang bekannt. Betroffen waren ein viereinhalbjähriges und ein zehnjähriges Kind. Das Aufbeißen der Schale oder das Zerbeißen eines Samens führt noch keinesfalls zu einer Vergiftung. **Wirkung:** Saponine werden nur in geringem Grade resorbiert. Bei Entzündung des Magen-Darm-Kanals ist jedoch die Resorption erhöht. Saponin wirkt lokal reizend; Auflösung roter Blutkörperchen (Hämolyse). **Vergiftungserscheinungen:** Unruhe, Angstgefühl, Fieber, Übelkeit, Kopf- und Leibschmerzen, Erbrechen, Entzündung des Dünndarmes, starker Durst, weite Pupillen, Gesichtsrötung, Delirien und Bewußtseinstrübung mit krankhafter, aber weckbarer Schläfrigkeit, Atemlähmung. **Erste Hilfe:** Im allgemeinen nicht notwendig; jedoch nach Aufnahme größerer Mengen Kastanien und dem Auftreten der beschriebenen Symptome Transport in ein Krankenhaus. **Therapie:** Giftentfernung mit Magenspülung, Kohle, Abführmittel. Spasmolytika, Kreislaufmittel, Überwachung des Elektrolythaushaltes, Schockbekämpfung; bei Atemstörung Sauerstoff, künstliche Beatmung; Intubation. Prognose ernst.

Efeu

Hedera helix

Efeugewächse, Araliceae. **Merkmale:** Der Efeu ist eine immergrüne Holzpflanze, die mit Hilfe von Haftwurzeln klettert. Die dunkelgrünen, lederartigen und glänzenden Blätter weisen verschiedene Formen auf; so sind z. B. die Blätter der Blütentriebe eiförmig oder rautenförmig, während die Blätter der Laubtriebe 3–5lappig sind. Wenn die Pflanze ein bestimmtes Alter erreicht hat, oder über ihre »Stütze« hinauswächst, entwickelt sie Zweige, die nicht mehr klettern, sondern ausstreben und dann nicht mehr gelappte oder eckige, sondern rundliche Blätter tragen. Erst dann blüht der Efeu jährlich. Die in dichten, halbkugeligen Dolden angeordneten kleinen, gelblichgrünen oder weißlichen Blüten sind leicht zu übersehen, da sie unscheinbar aussehen und zu einer Zeit blühen, während der man eigentlich nicht damit rechnet, nämlich im Oktober und November. Die ungenießbaren, bitter schmeckenden Früchte – blauschwarze, kugelige, etwa erbsengroße Beeren – reifen im Früh-

jahr. **Vorkommen:** In ganz Europa überall häufig; in Wäldern, an Felsen, Mauern, Zäunen und als Zierpflanze. **Gift:** Die Stengel, Blätter und Beeren des Efeus enthalten Saponine, darunter Hederin. Vergiftungen durch Pflanzenteile sind bei Erwachsenen noch nicht bekannt; bei Kindern jedoch, welche die Beeren gegessen hatten, wurden schon schwere Vergiftungen mit zum Teil tödlichem Ausgang beobachtet. Diese Fälle sind aber äußerst selten; die Beeren sind hart, beinhalten 5 Kerne und schmecken so bitter, daß den Kindern nach einer »Kostprobe« meist der Appetit vergeht. **Wirkung:** Vermehrte Sekretausscheidung, leicht beruhigender Effekt. **Vergiftungserscheinungen:** Falls das Gift in größeren Mengen geschluckt wird, kommt es zu Brechdurchfällen und Krämpfen. Nach dem Verzehr einer großen Menge Efeublätter zeigte ein Kind – über etwa 3 Stunden – einen teils verwirrten, teils körperlich und geistig völlig reglosen Zustand mit Krämpfen. Bei Temperaturerhöhung und weiten Pupillen trat ein scharlachartiger Ausschlag an Gesicht, Rücken und Beinen auf. **Erste Hilfe:** Bei Aufnahme geringer Mengen nicht erforderlich, sonst Krankenhaus aufsuchen. **Therapie:** Magenspülung, Kohle, Abführmittel, weiter beobachten. Prognose ernst.

Efeu: oben Früchte und ovale Blätter, unten Klettersproß mit gelappten Blättern. Alle Teile sind giftig.

Gefleckter Schierling

Conium maculatum

Doldengewächse, Apiaceae. **Merkmale:** Diese 1–2 m hohe Pflanze bildet spindelförmige, weißliche Pfahlwurzeln mit aufrechten, röhrigen, fein gerillten Stengeln, die im unteren Teil purpurrote Flecken aufweisen. Die dunkel- bis graugrünen Blätter sitzen an runden, kahlen Stielen und sind 2–5fach gefiedert. Von Juni bis September blüht der Gefleckte Schierling in großen, 10–20strahligen zusammengesetzten Dolden. Die Früchte sind grünlichbraun, eiförmig zusammengedrückt, etwa 3 mm lang, mit wellig gekerbten Rippen. An sehr heißen Tagen gibt der Schierling einen widerlichen, mäuseharnähnlichen Geruch ab. **Vorkommen:** Gesamteuropa, vorzugsweise in wärmeren Gegenden. Kommt sowohl im Flachland als auch im Gebirge vor; an Hekken, Wegrändern, brachliegenden Böden und Zäunen. **Gift:** Alle Teile der Pflanze enthalten Coniin sowie 4 weitere Alkaloide, außerdem ätherisches Öl. Vergiftungen durch den Gefleckten Schierling kommen in der heutigen Zeit äußerst selten vor und beruhen meist auf unbeabsichtigten Verwechslungen des Krautes mit Suppengewürzen. Bei Kindern wurden Vergiftungen durch den Verzehr der Wurzel bekannt. In der Antike fand der Gefleckte Schierling Verwendung bei Hinrichtungen. So beschreibt Plato den Tod des Sokrates, welcher 399 vor Christus zum Tode durch Trinken des »Schierlingbechers« verurteilt wurde. **Wirkung:** Coniin wirkt zuerst erregend, dann lähmend auf das Rükkenmark und auf die Medulla oblongata. Die Wirkung auf die Muskeln und auf das vegetative Nervensystem ist nikotinähnlich. **Vergiftungserscheinungen:** Etwa ½–2 Stunden nach der Gift-

Gefleckter Schierling: Verwechslungen mit Suppengewürzen sind vorgekommen.

aufnahme Brennen im Mund, Schluckbeschwerden, Speichelfluß, Sehstörungen, Schwäche in den Beinen; nach größeren Gaben bereits Bewußtseinstrübung und beginnende Lähmungen. Nach tödlichen Dosen schon nach wenigen Minuten oben genannte Symptome, außerdem Zungenlähmung, weite Pupillen, Kopfdruck, Schwindel, Übelkeit, Erbrechen, Durchfall. Als Hauptwirkung in den unteren Gliedmaßen beginnende Müdigkeit, die in einer aufsteigenden Lähmung endet. Mit zunehmender Atemnot tritt bei guter Herztätigkeit und bei erhaltenem Bewußtsein der Tod durch zentrale Atemlähmung ein. **Erste Hilfe:** Sofort Erbrechen auslösen, schneller Transport ins nächste Krankenhaus. **Therapie:** Magenspülung, Kohle, Abführmittel. Intubation und Sauerstoffbeatmung bei Atemstörungen. Bei aufsteigender Lähmung in wiederholten kleinen Dosen Strychnin. Bei Krämpfen Gabe von Benzodiazepinen. Kreislauftherapie. Prognose ernst, Lähmungen oder zumindest Muskelschwächen längere Zeit vorhanden.

Wasserschierling

Cicuta virosa R3

Doldengewächse, Apiaceae. **Merkmale:** Die auch Gift-Wasserschierling oder Wüterich genannte Pflanze ist eine kräftige, ausdauernde Staude, die einen knolligen, innen hohlen und gekammerten Wurzelstock bildet. Der Wasserschierling wächst mit einem röhrigen, feingerillten Stengel und erreicht eine Größe von 60–120 cm. Die Blätter sind 2–3fach gefiedert, mit kleinen, scharf gezähnten, lanzettlichen Blättchen. Von Juli bis August sitzen die weißen Blüten an 8–12strahligen zusammengesetzten Dolden. Die rundlichen Früchte sind bräunlichgelb und dunkelbraun gestreift. **Vorkommen:** Nord- und Mitteleuropa; zum Süden hin seltener werdend, in den Gebirgen fehlend. Wächst nur bei ausreichender Feuchtigkeit; in Sümpfen, an Gräben und Ufern, manchmal auch halbschwimmend. **Gift:** In allen Pflanzenteilen, haupt-

Wasserschierling

sächlich jedoch in der Wurzel, sind Alkaloide sowie Cicutoxin und Cicutol enthalten, wobei die Alkaloide bei dieser Schierlingspflanze hinsichtlich ihrer Giftigkeit nur eine untergeordnete Rolle spielen. Vergiftungen, besonders bei Kindern, kamen relativ häufig vor, vermutlich durch Kauen an der süßlich schmeckenden Wurzel. Auch Verwechslungen mit Sellerie, Pastinak und der Wurzel der Petersilie haben zu Vergiftungen geführt. Als tödliche Dosis werden 2–3 g der frischen Pflanze angegeben. **Wirkung:** Die Hauptwirkung liegt im Cicutoxin, welches ein zentrales Krampfgift darstellt. **Vergiftungserscheinungen:** Oft schon wenige Minuten nach Aufnahme der Giftpflanze stellen sich brennende Schmerzen in Mund und Rachen ein, verbunden mit Übelkeit und Erbrechen; Gesichtsfeldeinschränkung, schwere epileptiforme Krämpfe, die in häufigen Anfällen bis zur Erschöpfung und Hinfälligkeit wiederkehren, und schließlich Bewußtlosigkeit. Herzschwäche und Tod durch Ersticken oder Atemlähmung. **Erste Hilfe:** Obwohl schon kurze Zeit nach der Giftaufnahme ein Erbrechen ausgelöst wird, sollte man dem Betroffenen zusätzlich Flüssigkeit verabreichen, um die Anstrengungen des Erbrechens zu erleichtern; warmhalten und Sorge tragen für schnellen Transport in das nächste Krankenhaus oder zum nächsten Arzt. **Therapie:** Magenspülung mit Kohle und Abführmittel, gegen Krämpfe Benzodiazepine oder Barbiturate. Intubation, Sauerstoff; bei drohender Atemlähmung künstliche Beatmung unter Relaxierung mit Curare. Wärmezufuhr. Prognose ernst.

Wiesen-Bärenklau

Heracleum sphondylium

Doldengewächse, Apiaceae. **Merkmale:** Etwa 50–150 cm hohes Kraut mit kantig gefurchten Stengeln, die meist, ebenso wie die gelappten Blätter, borstig behaart sind. **Vorkommen:** Verbreitet in Europa vorkommend. **Gift:** Die Furocumarine Pimpinellin, Isopimpinellin und Bergapten.

Wiesen-Bärenklau

Wirkung: Phototoxisch. **Vergiftungserscheinungen:** Hauptsächlich durch den Stengelsaft treten Rötungen der Haut, Schwellungen und Blasenbildung auf; dies wird bei hoher Lichteinwirkung (Sonne!) und hoher Luftfeuchtigkeit verstärkt. **Erste Hilfe:** Die betroffenen Stellen waschen, nicht kratzen! Arzt aufsuchen. **Therapie:** Lokale Behandlung mit abschwellenden und antiphlogistischen Mitteln. Sich bildende Blasen trocknen ein, bleiben danach aber noch lange als »Flecken« sichtbar.
Ähnlich im Aussehen, aber oft über 3 m hoch, ist die Herkulesstaude *(Heracleum montegazzianum)*, die Ende des vorigen Jahrhunderts – als Zierpflanze für große Gartenanlagen – aus dem Kaukasus mitgebracht wurde. Sie ist vielfach schon verwildert anzutreffen. Ihre Giftwirkung ist ähnlich der des Wiesen-Bärenklaus, aber noch intensiver.

Die Herkulesstaude oder der Riesen-Bärenklau ist kenntlich am bis 3 m hohen Wuchs und den riesigen, tief zerteilten Blättern.

Hundspetersilie

Aethusa cynapium

Doldengewächse, Apiaceae.
Merkmale: Krautartige, ein- oder zweijährige, 10–100 cm hohe Pflanze. Der hohle Pflanzenstengel ist fein gestreift und oben gabelig verästelt. Die Blätter der Hundspetersilie, auch Gartenschierling oder Gartengleiße, sind 2–3fach gefiedert, die Blättchen fiederförmig eingeschnitten, nicht gekräuselt und riechen unangenehm. Die von Juni bis Oktober wachsende Pflanze unterscheidet sich von der echten, der kultivierten Petersilie nicht nur durch den unangenehmen knoblauchartigen Geruch, sondern auch durch die hauptsächlich an der Unterseite glänzenden Blätter, die bei der echten Petersilie matt sind. Auch sind die in flachen Dolden angeordneten Blüten weiß, bei der echten Petersilie grünlichgelb. Die kugelig-eiförmigen Früchte sind 3–5 mm lang, hellbraun mit dunklen Striemen. **Vorkommen:** Ganz Europa. Auf Äckern, brachliegenden Böden, Bahndämmen, Weinbergen und als Gartenunkraut. **Gift:** Aethusin, Aethusanol und Spuren von Coniin sind in allen Teilen der Pflanze enthalten. Die bekanntgewordenen Vergiftungen beruhten meist auf unbeabsichtigter Verwechslung der Hundspetersilie mit Suppengewürzen, kamen bei Kindern aber auch durch das Essen von Wurzeln zustande. **Wirkung:** Coniin wirkt zuerst erregend, dann lähmend auf das Rückenmark und auf die Medulla oblongata. Die

Wirkung auf Muskeln und vegetatives Nervensystem ist nikotinähnlich. **Vergiftungserscheinungen:** Brennende Schmerzen im Mund, Erkrankung des Magen-Darm-Kanals mit Erbrechen, Koliken und Durchfall, Schlingbeschwerden, Schüttelkrämpfe, Schaum vor dem Mund; auch Krämpfe der Kaumuskulatur wurden beobachtet. Bei akuten Vergiftungen aufsteigende Lähmung des Rückenmarkes und der Medulla oblongata, weite Pupillen. Tod nach wenigen Stunden durch Atemlähmung bei erhaltenem Bewußtsein. Bei Genesung wurden Haarausfall und Nagelverlust beobachtet. **Erste Hilfe:** Wenn noch keine Lähmungserscheinungen vorhanden sind, sofort Erbrechen auslösen und Sorge tragen für baldmöglichste Klinikbehandlung. **Therapie:** Magenspülung, Medizinalkohle, Abführmittel. Gegen die Lähmungserscheinungen wurde Strychnin empfohlen. Bei Atemlähmung Intubation; Sauerstoffgabe, künstliche Beatmung.

Hundspetersilie

Stechpalme

Ilex aquifolium G

Stechpalmengewächse, Aquifoliaceae. **Merkmale:** Die Stechpalme oder Hülse wächst als Strauch oder Baum und wird meist nicht größer als 6 m, kann aber ein mehrhundertjähriges Alter erreichen, einen Stamm von 50 cm Dicke und eine Höhe von über 10 m erlangen. Die wechselständig stehenden, immergrünen, lederigen Blätter wachsen kurzgestielt und sind bis 8 cm lang und 4 cm breit. Ihre Unterseite ist hellgrün, die Oberseite dunkelgrün glänzend. Am Rande sind die elliptischen bis eiförmigen Blätter meist wellig gebogen und, hauptsächlich an den unteren Zweigen, dornig gezähnt, so daß der Blattrand stachelspitzig wird. An den oberen Zweigen werden die Blattränder glattrandig. Von Mai bis Juni sieht man die kleinen, weißen, unscheinbaren Blüten mit ihren 4 Blütenblättern in den Blattwinkeln der Pflanze. Die kugeligen bis eiförmigen, beerenähnlichen Steinfrüchte werden etwas über erb-

Stechpalmenzweig mit Früchten

sengroß, reifen im Herbst, sind zunächst grün, dann korallenrot. Sie überdauern den Winter und sitzen noch im Frühjahr am Stengel. In diesen würzig schmeckenden Beeren sind 4–5 harte, einsamige Steinkerne. **Vorkommen:** Mittelmeergebiet, Mitteleuropa, in den Alpen bis zu einer Höhe von 1200 m. In Deutschland hauptsächlich im Westen verbreitet. Wegen ihrer Anspruchslosigkeit an den Boden auch häufig als Zierstrauch in Gärten, in Anlagen und auf Friedhöfen. **Gift:** Hauptsächlich in den Blättern und in den Früchten ist das Alkaloid Theobromin enthalten, außerdem ein Glykosid mit Saponin-Eigenschaften sowie Farbstoffe (Ilixanthin, Rutin). Hauptsächlich bei Kindern sind durch den Genuß der beerenähnlichen Früchte Vergiftungen bekannt geworden, sogar Todesfälle sind vorgekommen. Für Kinder wird als tödliche Dosis der Verzehr von 20–30 Beeren angegeben. **Wirkung:** Harntreibend, anregend auf die Verdauung. **Vergiftungserscheinungen:** Erkrankung des Magen-Darm-Kanals mit Erbrechen und heftigen Durchfällen, Schläfrigkeit. **Erste Hilfe:** Kaum nötig, da die Aufnahme einiger Beeren nicht gefährlich ist. Bei Aufnahme größerer Mengen den nächsten Arzt oder das nächste Krankenhaus aufsuchen. **Therapie:** Giftentfernung durch Magenspülung, Medizinalkohle, Abführmittel. Überwachung des Kreislaufes, Flüssigkeitszufuhr, Mucilaginosa. Prognose ernst.

Pfaffenhütchen

Euonymus europaea

Spindelbaumgewächse, Celastraceae. **Merkmale:** Der auch Pfaffenkäppchen oder Spindelbaum genannte Strauch wird etwa 2–3 m hoch, kann aber auch, als kleiner Baum wachsend, eine Höhe bis 6 m erreichen. Die gegenständig wachsenden, oberseitig dunkelgrünen und an der Unterseite hellgrünen Blätter sind kurz gestielt, eiförmig spitz und haben einen ungleich gesägten Blattrand. Etwa von Mai bis Juni stehen die unscheinbaren, kleinen, gelblichgrünen Blüten in blattachselständigen Rispen. Im Spätsommer und Herbst hängen dann die meist 4fächerigen, roten Fruchtkapseln an den Zweigen, die durch ihre Ähnlichkeit mit dem Kardinalshut der Pflanze ihren deutschen Namen gegeben haben. Bei völliger Reife springen die Kapseln auf; sichtbar werden dann die weißlichen, eiförmigen Samen, die, von einem fleischigen, orangefarbenen Samenmantel umgeben, an der Mittelsäule der Kapsel angeheftet sind und nach dem Aufspringen der Samenkapsel noch einige Zeit hängenbleiben. **Vorkommen:** Fast in ganz Europa; häufig in Laubwäldern, an Waldrändern, in Hecken und Gebüschen der Ebene, im Hügelgelände und im Vorgebirge. Vielfach auch als Ziergehölz in Anlagen; zusammen mit anderen Sträuchern als natürliche Straßenbegrenzung und auch in Anlagen von Schulen und Kindergärten.

Farbe und Form der Früchte des Pfaffenhütchens können Kinder zum Verzehr verleiten.

Gift: Im Samen der Pflanze, in den Blättern und auch in der Rinde ist ein Bitterstoff enthalten, außerdem die herzwirksamen Glykoside Evobiosid, Evomonosid und Evonosid. Vergiftungen treten, meist bei Kindern, nach dem Verzehr der auffallend geformten und gefärbten Früchte auf. **Wirkung:** Bitterstoff brecherregend und Durchfall auslösend. Die Glykoside wirken auf die Herzmuskulatur, auf die Reizbildungszentren; Verbesserung der Kreislaufverhältnisse. Erhöhung des Liquordruckes. **Vergiftungserscheinungen:** Beginn erst nach einer Latenz von 15–16 Stunden mit heftigen Reizwirkungen auf den Magen-Darm-Kanal mit starken Koliken und schleimwässrigen, manchmal auch blutigen Durchfällen. Nach Resorption Steigerung der Körpertemperatur, Kurzatmigkeit, Kreislaufstörungen mit Kollaps. Pupillen mittelweit. Zunehmende Benommenheit, Schläfrigkeit im Wechsel mit motorischer Unruhe; Krämpfe, Koma. Nach Abklingen der akuten Erscheinungen Nierenschädigung und Leberschwellung. **Erste Hilfe:** Falls Gift verschluckt, sofort Erbrechen auslösen, Sorge für ärztliche Behandlung tragen. **Therapie:** Magenspülung, Kohle, Abführmittel; bei Kollapserscheinungen Kreislaufhilfe; Mucilaginosa gegen gastrointestinale Beschwerden, bei Krämpfen Benzodiazepine und Barbiturate, Flüssigkeitszufuhr. Prognose bei Aufnahme weniger Früchte günstig. 2 weitere Pfaffenhütchen-Arten sind in Mitteleuropa nur lokal verbreitet.

Faulbaum

Rhamnus frangula

Kreuzdorngewächse, Rhamnaceae. **Merkmale:** Der Faulbaum wächst meist als aufrechter Großstrauch, bis zu einer Größe von etwa 4 m. Die oberseits dunkelgrünen, unterseits hellgrünen Blätter werden auf der Sonnenseite rot. Meist hängen zu gleicher Zeit unreife (grüne), halbreife (rote) und vollreife (schwarze) erbsengroße Beeren am Strauch. **Vorkommen:** Ganz Europa. Auf frischen bis anhaltend feuchten Böden; auch Birkenmoore, Bachufer, Wälder. **Gift:** Rhamnoxanthin; in unreifer Frucht Saponin, im Samen Blausäureglykosid, Flavonglykosid,

Faulbaum: unterschiedlich reife Früchte

Phenolglykosid. **Wirkung:** Abführend. **Vergiftungserscheinungen:** Übelkeit, Schwindel, Erbrechen, heftige Leibschmerzen, wässrige, auch blutige Durchfälle; in schweren Fällen auch Kollapszustände. **Erste Hilfe:** Keine Gefahr; nur bei großen Mengen und dadurch eintretenden Symptomen Arzt oder Krankenhaus aufsuchen. **Therapie:** Magenentleerung, Kohle; bei starken Schmerzen Opiate; Flüssigkeits- und Elektrolytkontrolle; symptomatische Behandlung; eventuell Nierenschädigung!

Kreuzdorn

Rhamnus cathartica

Kreuzdorngewächse, Rhamnaceae. **Merkmale:** Der Kreuzdorn wächst meist als aufrechter, sperriger Strauch bis zu einer Höhe von 2–3 m, kann aber auch, als Baum wachsend, Höhen bis 8 m erreichen. Die fein kerbig gesägten Blätter wachsen gegenständig. Im Herbst reifen die beerenartigen schwarzen Steinfrüchte; sie werden etwa erbsengroß, haben grünes Fruchtfleisch und schmecken bitter. Die kahlen Zweige des Strauches enden häufig in Dornen. **Vorkommen:** Fast ganz Europa. Auf kalkhaltigen Böden in der Ebene und im Hügelland, in Wäldern und Gebüschen. **Gift:** Samen und Früchte enthalten Glykoside, Rhamnoemodin, Glucosidorhamnosid, Rhamnocathardinglykosid, Shesterin; in der unreifen Frucht Saponin. **Wirkung:** Reizung des Dickdarms, milde abführende Wirkung. **Vergiftungserscheinungen:** Erbrechen mit Durchfall, Nierenreizung, Trockenheit im Mund und Rachen, starkes Durstgefühl. **Erste Hilfe:** Kaum erforderlich; nur bei Aufnahme größerer Mengen und eintretenden Symptomen Arzt oder Krankenhaus aufsuchen.

Kreuzdornzweig mit reifen Früchten

Therapie: Nach Aufnahme vieler Früchte Magenspülung, Kohle, Laxans; Flüssigkeitszufuhr, Spasmolytika, Harnkontrolle, Nierendiät. Prognose günstig.

Mistel

Viscum album

Mistelgewächse, Loranthaceae. **Merkmale:** Als Weihnachtsschmuck bekannter, immergrüner, kugelförmig wachsender Kleinstrauch mit länglichen, lederartigen, stengellosen Blättern. Vom Herbst bis zum Frühjahr reifen die weißen, erbsengroßen, saftigen Früchte, die schleimig süßlich

Früchte der Mistel

schmecken. **Vorkommen:** Gesamteuropa. Wächst als Schmarotzer auf Laub- und Nadelbäumen. Mancherorts gehäuft, im allgemeinen aber selten. **Gift:** Gemisch von Acetylcholin und Cholin; in den Früchten und Blättern Viscotoxin. **Wirkung:** Viscotoxin wirkt örtlich reizend; aufgenommen, wird es vom Magen-Darm-Kanal nicht resorbiert. **Vergiftungserscheinungen:** Brechdurchfall, blutige Stühle, Darmkrämpfe. **Erste Hilfe:** Nicht nötig; bei Aufnahme großer Mengen Arzt aufsuchen. **Therapie:** Flüssigkeits- und Elektrolytausgleich. Schleimhautbehandlung mit Adstringentien.

Buchs

Buxus sempervirens G

Buchsgewächse, Buxaceae. **Merkmale:** Ein bis 4 m hoher, sehr langsam wachsender Strauch, der aber bei mehrhundertjährigem Alter als Baum (Buchsbaum) bis 8 m Höhe erreichen kann. Die lederartigen, immergrünen Blätter sind klein, kurzgestielt, elliptisch, ganzrandig, mit glänzend dunkelgrüner Ober- und hellgrüner Unterseite. Der Buchs blüht im April/Mai gelblichweiß in blattachselständigen Blütenknäueln. Die reifen Früchte sind dreihörnige, schwarzbraune Kapseln, wobei jedes Horn 2 dunkelbraune Samen enthält. **Vorkommen:** In Südeuropa beheimatet, wenige Standorte in Südwestdeutschland; oft angepflanzt als Ziergehölz und Heckenpflanze. **Gift:** In allen Teilen, besonders aber in der Rinde und den Blättern Alkaloide. Vergiftungen selten, aber möglich. **Wirkung:** Zentral erregend, dann lähmend. **Vergiftungserscheinungen:** Erbrechen, Durchfälle, Zittern, Krämpfe. **Erste Hilfe:** Erbrechen auslösen, Arzt verständigen. **Therapie:** Bei Krämpfen Diazepam, sonst Giftentfernung (Magenspülung, Kohle, Laxans).

Buchs mit reifen und unreifen Früchten

Zypressen-Wolfsmilch

Euphorbia cyparissias

Wolfsmilchgewächse, Euphorbiaceae. **Merkmale:** Eine gelblichgrüne Pflanze, die etwa 15–30 cm groß wird. An einem aufrechten, wenigästeligen Stengel sitzen wechselständig die sehr schmalen Blätter (Ähnlichkeit mit dem Sämling einer Zypresse). **Vorkommen:** Europa. Verbreitet in lichten Wäldern, gern bei Kiefern, aber auch auf trockenem Heide- und Grasland. **Gift:** Euphorbon ist außer in den Samen auch in der aus Bruch- und Abrißstellen der Pflanze austretenden milchigen Flüssigkeit vorhanden. **Wirkung:** Starke örtliche Reizwirkung auf Haut und Schleimhäute mit Gewebszerstörung. Besonders gefährlich sind Augenverletzungen. Vergiftungen kamen öfter vor infolge Anwendungen von *Euphorbia*-Arten als Abführmittel, Harntreibungsmittel oder Blutreinigungsmittel. In Botanischen Gärten sind gewerbliche Vergiftungen möglich (bei Gartenarbeiten, an den unbekleideten Unterarmen). **Vergiftungserscheinungen:** Auf der Haut kann der frische Milchsaft zu heftiger Entzündung mit Blasenbildung und Geschwürbildung führen. Verspritzen des Milchsaftes in das Auge verursacht stärkste Bindehautentzündung. Innerlich erzeugt der milchige Saft Rötung und Brennen im Mund und in der Speiseröhre; Brechreiz, Erbrechen, Magenschmerzen, heftige Durchfälle. Resorptive Vergiftung: weite Pupillen, Schwindel, Delirien, auch Krämpfe, Kreislaufschädigung mit Kollaps. Der Tod kann nach 2–3 Tagen eintreten. **Erste Hilfe:** Nach Abreißen der Pflanze gründliche Hautreinigung. Bei Verspritzen des Saftes in das Auge sofortige Spülung mit Wasser; Augenarzt oder Augenklinik aufsuchen. Bei oraler Aufnahme ist kaum Erste Hilfe erforderlich, da wegen des unmittelbar nach der ersten »Probe« einsetzenden Brennens im Mund- und Rachenraum auf ein weiteres Essen der Pflanzenteile verzichtet wird. Wenn trotzdem größere Mengen aufgenommen werden, sollte ein Krankenhaus aufgesucht werden. **Therapie:** Magenspülung,

Zypressen-Wolfsmilch

Kohle, Abführmittel. Mucilaginosa bei Magenschleimhautschädigung; bei Kreislaufschwäche entsprechende Herz- und Gefäßmittel. Krampflösende Mittel und Schmerzmittel. Flüssigkeitszufuhr, Schockbehandlung.
Alle Wolfsmilcharten sind giftig; ähnlich in Gift und Wirkung sind: Kleine Wolfsmilch *(E. exigua)*, Kreuzblättrige Wolfsmilch *(E. lathyris)*, Mandelblättrige Wolfsmilch *(E. amygdaloides)*, Garten-Wolfsmilch *(E. peplus)*, Sonnen-Wolfsmilch *(E. helioscopia)*, Süße Wolfsmilch *(E. dulcis)* sowie die gefährdete (R 3), geschützte Sumpf-Wolfsmilch *(E. palustris)*.

Christuspalme

Ricinus communis

Wolfsmilchgewächse, Euphorbiaceae. **Merkmale:** Die als Staude wachsende, auch als Wunderbaum oder Rizinus bekannte Pflanze, wird etwa 1–2 m hoch. Der dicke Stengel ist braunrot, buschig, mit großen, langstieligen, handförmig-lappigen Blättern. Im Sommer zeigen sich rötliche, in Traubenform sitzende Blüten. Die Früchte sind etwa kirschgroße, kugelige Kapseln. Jede Kapsel enthält 3 Fächer, pro Fach 1 bohnenartigen, ovalen, bis 12 mm langen, graubraun marmorierten,

Christuspalme mit Blütenständen und runden, rötlichen Früchten

glänzenden Samen. **Vorkommen:** In Europa fast nur im Süden. Bei uns meist als Topfpflanze, gelegentlich auch in Anlagen. **Gift:** Die Samen enthalten das äußerst giftige Ricin, das bei medizinischer Verwendung in den Preßrückständen verbleibt. **Wirkung:** Hauptsächlich bei Kindern führt das Essen von Rizinussamen zu Vergiftungen; Fälle tödlicher Vergiftungen wurden beschrieben. Als tödliche Dosis werden 6 Samen angegeben. **Vergiftungserscheinungen:** Brennen im Mund, Übelkeit, Schwindel, Kollaps, Magen-Darm-Entzündung, reiswasserähnliche Durchfällen, Darmkrämpfe; Nierenentzündung, Gelbsucht. Der Tod kann nach einigen Tagen, unter dem Bild der Kreislaufschwäche und Harnvergiftung, eintreten. **Erste Hilfe:** Sofortiger Transport in ein Krankenhaus. **Therapie:** Magenspülung, Kohle, Abführmittel, Flüssigkeitszufuhr, Schockbekämpfung, Harnkontrolle. Prognose: Sterblichkeit um 6%.

Gewöhnlicher Seidelbast

Daphne mezereum G

Seidelbastgewächse, Thymelaeaceae. **Merkmale:** Der etwa 30–150 cm hohe Strauch ist einer unserer ersten Frühjahrsblüher. Bei mildem Winter erscheinen schon im Februar, bis zum April, die kleinen 4zipfeligen, rosaroten bis hellvioletten Blüten, die stark duften und sich vor dem Erscheinen der Blätter entfalten. Erst dann, wenn der Gewöhnliche Seidelbast oder Kellerhals in voller Blüte ist, erscheinen die ersten Blätter. Sie sind lanzettlich, ganzrandig, oberseits hellgrün, unterseits graugrün und sitzen dann, nach dem Abfallen der Blüten, wechselständig an den wenig verzweigten Ästen. Die Fruchtknoten entwickeln sich dann vom Juni bis August zu eiförmig-kugeligen, etwa erbsengroßen, zunächst grünen, dann leuchtend roten, fleischigen Steinfrüchten mit stark bitterem, brennendem Geschmack. Wie im Frühjahr die Blüten, so drängen sich im Sommer die Beeren des Seidelbastes – oft dicht aneinandergereiht – an den Zweigen. **Vorkommen:** Europa; im Norden und im Flachland selten.

Der Seidelbast blüht vor dem Laubaustrieb.

Früchte des Seidelbasts

Bevorzugt Hügelland und Bergwald (bis etwa 900 m). Vorwiegend in Laub- und Mischwäldern, aber auch in Nadelwäldern; häufig auch als Zierstrauch. **Gift:** Mezerin, Harz und ätherische Öle sind in allen Pflanzenteilen enthalten. Vergiftungen wurden öfters bei Kindern beobachtet und zwar nicht nur durch den Verzehr der roten Beeren, sondern auch durch Kauen an den Zweigen bzw. an der Zweigrinde. **Wirkung:** Lokal auf die Haut, resorptiv auf Zentralnervensystem, Kreislauf und Nieren. **Vergiftungserscheinungen:** Beim Hautkontakt Entzündung der Haut mit Rötung, Schwellung und Blasenbildung; bei längerer Einwirkung ist ein geschwüriger Zerfall der Haut möglich. Bei oraler Aufnahme, wobei es sich meist um Früchte handelt, können folgende Symptome auftreten: brennender und kratzender Schmerz im Mund, Schwellung der Lippen und Mundschleimhaut, Schlingbeschwerden, Speichelfluß, Übelkeit, Erbrechen, Magenschmerzen, Darmkrämpfe mit Durchfall und Durstgefühl. Resorptiv: Kopfschmerzen, Schwindel, Unruhe, erhöhte Körpertemperatur, beschleunigter Puls, Atemnot, Tod im Kollaps. Bei Kindern ist auch das Auftreten von Krämpfen möglich. Schädigung der Nieren: Nephritis mit Eiweiß und Blut im Urin. Als tödliche Dosis werden für ein Kind 10–12 reife Beeren angegeben. **Erste Hilfe:** Sofort erbrechen lassen; Sorge für schnelle ärztliche Behandlung, am besten in einer Klinik. **Therapie:** Magenspülung auch in Verschlechterungsfällen, Medizinalkohle, Abführmittel. Behandlung der Durchfälle und der Schleimhautentzündung, Flüssigkeitszufuhr, Kreislaufmittel. Gegen Hauterscheinungen Therapie mit Puder und Salben. Prognose ernst, Sterblichkeit ca. 30%!
Ebenfalls geschützt, aber auch genau so giftig sind noch: der Lorbeer-Seidelbast *(D. lauroela)*, R 4, dessen Blätter als besonders giftig gelten, das Steinröschen *(D. striata)* und das Heideröschen *(D. cneorum)*, R 3.

Rotbeerige Zaunrübe

Bryonia dioica

Kürbisgewächse, Cucurbitaceae. **Merkmale:** Eine mit Sproßranken kletternde, ausdauernde Pflanze, die bis 3 m lang wird. Die matten, hellgrünen, 5lappigen Blätter ähneln denen des Efeus. In losen

Dolden angeordnet sind die grünlichweißen Blüten. Die Früchte sind giftige, etwa erbsengroße, rote Beeren. **Vorkommen:** Mittel- und Südeuropa; in Deutschland im Süden und Westen relativ häufig. An Hecken, Gebüschen und Waldrändern. **Gift:** Bryonin und Bryonidin sind in den Beeren und im Wurzelsaft enthalten, außerdem noch Saponin im Samen und der Farbstoff Lycopin in der Frucht. **Wirkung:** Abführend; das Glykosid Bryonin wirkt örtlich stark reizend und führt resorptiv (in höheren Dosen) zu zentraler Lähmung. Vergiftungen sind bekannt geworden. Es werden 15 Beeren als tödliche Dosis für Kinder angegeben; bei Erwachsenen, durch Gebrauch der Pflanze als Drastikum und Abortivum, soll die Dosis bei 40–50 Beeren liegen. **Vergiftungserscheinungen:** Äußerlich: Hautrötung, dann schmerzhafte Entzündung mit Blasenbildung, unter Umständen auch Zerstörung der betroffenen Hautstellen mit Nekrosen und geschwürigen Veränderungen. Bei oraler Aufnahme kommt es zu Übelkeit, Erbrechen, heftigen Koliken und starken dünnflüssigen, teilweise sogar blutigen Durchfällen, ferner zu Nierenreizungen, bei Schwangeren auch zu Abort. Resorptiv: Erregungszu-

Blühende (links) und fruchtende (rechts) Rotbeerige Zaunrübe

stände, Schwindel; nach tödlichen Dosen zentrale Lähmung und Tod durch Atemlähmung. **Erste Hilfe:** Erbrechen auslösen; Transport zum Krankenhaus. **Therapie:** Magenspülung, Medizinalkohle; sonst symptomatisch (Flüssigkeitszufuhr, Atemhilfe). Prognose ernst; hohe Sterblichkeit.

Schwarzbeerige Zaunrübe

Bryonia alba

Kürbisgewächse, Cucurbitaceae. **Merkmale:** Der Rotbeerigen Zaunrübe ähnelnde, ausdauernde, mit Sproßranken kletternde Pflanze mit in doldenähnlichen Büscheln wachsenden, grünlichweißen Blüten. Die Früchte sind runde, etwa erbsengroße, giftige, schwarze Beeren. **Vorkommen:** Mittel- und Südeuropa. An Hecken, Zäunen, Gebüschen und Waldrändern; selten. **Gift:** In den Beeren und im Wurzelsaft sind die Glykoside Bryonin und Bryonidin enthalten, außerdem in den Beeren der Farbstoff Lycopin und im Samen Saponin. **Wirkung** bis **Therapie:** Siehe Rotbeerige Zaunrübe.

Schwarzer Holunder

Sambucus nigra

Geißblattgewächse, Caprifoliaceae. **Merkmale:** Der Holler oder Holder wächst als Baum oder Strauch bis zu einer Höhe von etwa 8 m. Die Rinde ist hellbraunrissig, das Mark der Äste weiß. Im Juni/Juli trägt der Baum cremeweiße, stark riechende, in weißen Trugdolden angeordnete Blüten. Die zunächst grünen, dann röt-

Die Früchte des Schwarzen Holunders sind nur roh gefährlich.

lichen und letztendlich schwarzen Früchte reifen von August bis Oktober. **Vorkommen:** Gesamteuropa; in Wäldern, Schluchten, Gebüschen, an schattigen Stellen, in Gärten und Anlagen. **Gift:** In unreifer Frucht Blausäureglykosid (Sambucin), in reifer Frucht organische Säuren, Gerbstoffe, ätherisches Öl. **Wirkung:** Brechreizend und abführend. **Vergiftungserscheinungen:** Treten nur auf, wenn große Mengen der reifen Früchte frisch vom Strauch gegessen werden, oder wenn aus ungekochten Beeren Fruchtsaft gepreßt und getrunken wird. Es kommt zu Magenbeschwerden, Erbrechen, Schüttelfrost und Durchfällen. **Erste Hilfe:** Erbrechen auslösen, Kohlegabe; im Zweifelsfalle Arzt verständigen. **Therapie:** Primäre Giftentfernung, Kreislaufüberwachung.

Zwerg-Holunder, Attich

Sambucus ebulus

Geißblattgewächse, Caprifoliaceae. **Merkmale:** Der Zwerg-Holunder oder Attich wird als ausdauernde, krautige Pflanze nur 1–2 m hoch. Die Blüten sind rötlichweiß, in endständigen, flachen Trugdolden. Die Früchte sind schwarz glänzende, kugelige bis eiförmige, etwa erbsengroße Beeren; sie sitzen zu mehreren in aufrechten, flachen endständigen Trauben und schmecken widerlich bittersüß. **Vorkommen:** Mittel- und Südeuropa; Gebüsche, Waldblößen, Hecken; in den Alpen bis 1300 m hoch. Auch angepflanzt und verwildert. **Gift:** Bitterstoffe, Blausäureglykosid, Gerbstoff, ätherisches Öl. **Wirkung:** Brechreizend und abführend. **Vergiftungserscheinungen:** Erbrechen, Durchfälle, Kopfschmerzen, Schwindel, Bewußtlosigkeit. **Erste Hilfe:** Erbrechen auslösen, Kohlegabe. Im Zweifelsfall Transport ins Krankenhaus. **Therapie:** Primäre Giftentfernung, Kreislaufüberwachung.

Fruchtender Zwerg-Holunder

Roter Holunder

Sambucus racemosa

Geißblattgewächse, Caprifoliaceae. **Merkmale:** Der Rote Holunder oder Trauben-Holunder wächst als Strauch, selten als Baum, und wird bis zu 4 m hoch. Er sieht ähnlich aus wie der Schwarze Holunder, hat jedoch leuchtend scharlachrote Beeren; sie hängen dichtgedrängt zu vielen in eiförmigen Rispen. **Vorkommen:** Mittel- und Südeuropa; in Berg- und Auwäldern, auf Lichtungen, Kahlschlägen, in Steinbrüchen, im Unterholz und Gebüsch. **Gift:** Im Samen schleimhautreizender Wirkstoff, Blausäure in geringen Mengen, Pectine, Gerbstoff, Carotinoide. **Wirkung:** Brechreizend und abführend. **Vergiftungserscheinungen:** Schmerzen im Mund, Übelkeit, Erbrechen, Durchfälle, Leibschmerzen, Kopfschmerzen, Schwindel. **Erste Hilfe** bis **Therapie:** Siehe Zwerg-Holunder.

Wolliger Schneeball

Viburnum lantana

Geißblattgewächse, Caprifoliaceae. **Merkmale:** Als Strauch wachsend, wird der Wollige Schneeball etwa 2–4 m hoch. Die großen, eiförmigen Blätter sind am Rand gesägt und fühlen sich beiderseits rauh an. In dichten, gewölbten Trugdolden stehen die

Roter Holunder, Früchte

Wolliger Schneeball, Früchte

kleinen, weißen, wohlriechenden Blüten von Mai bis Juni. Etwa erbsengroß, aber eiförmig und plattgedrückt sind die Früchte des Schneeballs, die etwa ab Juli bis Oktober reifen. Oft sind an einer Dolde grüne, rote und schwarze (reife) Beeren; sie beinhalten einen flachen Steinkern und schmecken süßlich-schleimig. **Vorkommen:** Europa, im Norden fehlend. In lichten Wäldern des Hügellandes und des Gebirges, in den Alpen bis 1400 m, an Waldrändern, in Gebüschen; häufig auch als Anpflanzung in Anlagen, Gärten und an Straßen. **Gift:** Nicht näher bestimmtes Glykosid. **Wirkung:** Reizung des Magen-Darm-Kanals; bei Kindern wurde Hämaturie beobachtet. **Vergiftungserscheinungen:** Magen-Darm-Entzündung, Durchfall, Schwindel, Erbrechen. **Erste Hilfe:** Keine Gefahr; bei Aufnahme großer Mengen (Beeren) und bemerkbaren Vergiftungserscheinungen Arzt aufsuchen. **Therapie:** Magenentleerung, symptomatische Behandlung.

Gewöhnlicher Schneeball

Viburnum opulus

Geißblattgewächse, Caprifoliaceae. **Merkmale:** Als Strauch oder kleiner Baum wachsend, wird der Gewöhnliche Schneeball 2–4 m groß. Die breiten, 3–5lappigen

Gewöhnlicher Schneeball, Früchte

Blätter sind denen des Ahorns ähnlich. Von Mai bis Juni stehen die weißen Blüten in lockeren Scheindolden. Die Früchte sind etwa erbsengroße, rundlich-eiförmige Steinbeeren, die im Spätsommer reifen, dann glänzend rot sind und bis zum Winter an den Zweigen hängen. **Vorkommen:** Ganz Europa. Von der Ebene bis in die Alpen (bis 1000 m), an Waldrändern und Ufern von Bächen, Flüssen und Seen; auch als Ziergehölz in Anlagen und Gärten. **Gift:** Der Bitterstoff Viburnin sowie Saponin, Gerbstoff und Pectin in der Frucht, in Rinde und Blättern. Tödliche Vergiftungen sind beschrieben. **Wirkung:** Reizung des Magen-Darm-Kanals. **Vergiftungserscheinungen:** Gastroenteritis, Durchfall, Schwindel, Erbrechen, Kollaps. **Erste Hilfe:** Kaum erforderlich; nur bei Aufnahme einer großen Menge von Beeren Erbrechen auslösen, Arzt aufsuchen. **Therapie:** Magenentleerung, symptomatische Behandlung.

Schneebeere, Früchte

Schneebeere

Symphoricarpus rivularis

Geißblattgewächse, Caprifoliaceae. **Merkmale:** Der sommergrüne, mit rutenförmigen Zweigen wachsende Strauch wird selten höher als 2 m. Die gegenständig stehenden Blätter sind kurzgestielt, elliptisch und ganzrandig. Weiß-rosa sind die kleinen, glockigen Blüten, die von Juni bis August in endständigen Trauben blühen. Vom Spätsommer bis in den Winter hängen dann die Früchte zu mehreren in endständigen Knäueln am Strauch: schneeweiße, kugelige, 1–1,5 cm große Beeren (»Knacksbeeren« oder »Knallerbsen«) mit kleiner, schwarzer Kelchnarbe, die je 2 kleine Kerne in ihrem weißlichen, saftigen Fleisch beinhalten. **Vorkommen:** Europa. In Gebüschen, meist jedoch als Zierstrauch in Anlagen und Gärten. **Gift:** In den weißen Beeren ist Saponin und ein noch nicht erforschter, stark reizender Hauptwirkstoff enthalten. **Wirkung:** Haut- und Schleimhaut reizend. **Vergiftungserscheinungen:** Nach äußerer Einwirkung Reizerscheinungen bzw. Entzün-

dungen der Haut und Schleimhäute. Nach Einnahme der Beeren Reizwirkungen auf den Magen-Darm-Kanal mit Erbrechen und Durchfall; größere aufgenommene Mengen können zu Verwirrtheit führen, in schweren Fällen sogar zu tiefer Bewußtlosigkeit. **Erste Hilfe:** Nicht erforderlich; bei evtl. Auftreten der beschriebenen Symptome Arzt aufsuchen. **Therapie:** Bei innerlicher Aufnahme evtl. Magenspülung, Mucilaginosa, Kreislaufüberwachung, Rehydration.

Gewöhnliche Heckenkirsche

Lonicera xylosteum

Geißblattgewächse, Caprifoliaceae. **Merkmale:** Der wegen seiner Früchte auch Rote Heckenkirsche genannte Strauch wächst reich verzweigt und wird 1–2 m groß. Die flaumig behaarten Blätter sind ganzrandig, breit eiförmig, meist spitz und wachsen gegenständig, mit kurzem Stiel. Paarweise stehen die gelblichweißen Blüten. Im Spätsommer stehen die kugeligen, fast erbsengroßen, scharlachroten, glänzenden Früchte stets paarweise (am Grunde zusammengewachsen) an langen Stielen. Die Beeren schmecken unangenehm, bitter. **Vorkommen:** Europa. Häufig als Unterholz des Laub- und Mischwaldes, an Waldrändern; oft als Ziergehölz in Anlagen. **Gift:** In der Beere Xylostein und Gerbstoff. Vergiftungen öfters bei Kindern; auch Massenvergiftungen bei Schulausflügen sind vorgekommen. **Wirkung:** Reizend auf den Verdauungstrakt. **Vergiftungserscheinungen:** Heftiges Erbrechen und starke Leibschmerzen mit blutigen Durchfällen, Gesichtsröte, Erweiterung der Pupillen, Lichtscheue, Rötung der Augenbindehaut; kalter Schweiß, Beschleunigung des Pulses und Herzrhythmusstörungen, Zuckungen in den Gliedmaßen, auch regelrechte Krämpfe, zunehmende Betäubung, Kollapserscheinungen,

Blühende Gewöhnliche Heckenkirsche

Wegen ihrer auffallenden Früchte wird die Gewöhnliche Heckenkirsche auch Rote Heckenkirsche genannt.

Atemstörungen; Tod im Koma. **Erste Hilfe:** Bei oraler Aufnahme weniger Früchte besteht keine Vergiftungsgefahr. Bei Aufnahme größerer Mengen ist eine ärztliche Behandlung notwendig. **Therapie:** Magenspülung, Medizinalkohle; bei Kollapserscheinungen Kreislauf- und Atemhilfe.

Weitere *Lonicera*-Arten

Die im folgenden aufgeführten Geißblattgewächse sind in der Literatur als schwach giftig bzw. als giftverdächtig beschrieben. Da es jedoch keine genaueren Angaben über Inhaltsstoffe, Wirkung und Symptome, auch nicht über evtl. bekannt gewordene Vergiftungen gibt, kann davon ausgegangen werden, daß der Verzehr einer großen Anzahl von Früchten notwendig ist, um Vergiftungserscheinungen hervorzurufen. **Erste Hilfe:** Nicht erforderlich; im Zweifelsfalle Arzt aufsuchen. **Therapie:** Magenspülung, Kohle; sonst symptomatisch.

Alpen-Heckenkirsche

Lonicera alpigena

Bis 150 cm hoher Strauch mit elliptischen Blättern. Die erbsengroßen Früchte sind rundlich-eiförmig; 2 Beeren an einem Stiel, meist als Doppelbeere wachsend (s. Foto S. 124). Steht in Wäldern und Gebüschen; im Gebirge bis 1600 m.

Blaue Heckenkirsche

Lonicera caerulea

60–80 cm hoher Strauch mit ovalen Blättern. Die schwarzen Beeren sind blaubereift, oval und etwa erbsengroß; sie stehen paarweise auf einem gemeinsamen Stiel (s. Foto S. 119). Im Alpenvorland in Mooren und Wäldern wachsend.

Wohlriechendes Geißblatt

Lonicera caprifolium

Auch »Jelängerjelieber« genannter, windender Kletterstrauch bis etwa 4 m Höhe. In Quirlen zu 6 sitzen auf den Blattellern orangerote, erbsengroße Beeren (s. Foto S. 125). In Hecken und Gebüschen, an Waldrändern und in Gärten als Laubenpflanze vorkommend.

Schwarze Heckenkirsche

Lonicera nigra

60–150 cm hoher Strauch; die Beeren sitzen paarweise am gemeinsamen langen Stiel, sind etwa erbsengroß und blauschwarz glänzend, bereift (s. Foto S. 121). Wächst in schattigen Bergwäldern, im Gebirge bis 1600 m. Ziemlich selten.

Wald-Geißblatt

Lonicera periclymenum

Auch Wildes oder Deutsches Geißblatt nennt man diesen rechtswindenden Klimmstrauch mit über 5 m lang werdenden Trieben. Die dunkelroten, erbsengroßen Beeren sitzen zu mehreren dicht gedrängt am Zweigende. In lichten Wäldern, an Waldrändern und Hecken.

Liguster

Ligustrum vulgare

Ölbaumgewächse, Oleaceae.
Merkmale: Der wintergrüne, auch Rainweide oder Tintenbeerbaum

Wald-Geißblatt, Blüten und Früchte

genannte, reichverzweigte Strauch wird kaum höher als 4 m. Die kurzgestielten Blätter wachsen gegenständig oder zu dritt im Quirl; sie sind oberseits dunkelgrün, mit heller Unterseite, im Herbst oft violett. Stark riechende Blüten (Juni bis Juli) stehen an endständigen Rispen. Die Früchte sind kugelige, etwa erbsengroße Steinbeeren, die glänzend schwarz werden; sie schmecken unangenehm bitter und hängen oft bis zum nächsten Frühjahr am Strauch. **Vorkommen:** Europa, im Norden selten. Häufig in lichten Wäldern und Gebüschen; sehr oft auch in Anlagen oder zur Garteneinzäunung bzw. als Straßenbegrenzung. **Gift:** Farbstoff Ligulin; in den Blättern und der Rinde das Glukosid Ligustrin; in der Rinde die Bitterstoffe Syringopicrin und Ligustron. Durch Aufnahme der Beeren wurden bei Kindern mehrfach Vergiftungen bekannt; es sind sogar solche mit Todesfolge beschrieben. **Wir-**

Liguster, oben die Blüten, unten die Früchte, wird oft als Hecke gepflanzt.

kung: Kapillargift; lokal reizend. **Vergiftungserscheinungen:** Nach oraler Aufnahme schwere Magen-Darm-Beschwerden mit heftigem Erbrechen, starken Durchfällen; Krämpfe, Kreislauflähmung. Lokal: Hautreizung. **Erste Hilfe:** Nach Aufnahme einer größeren Menge Beeren Erbrechen auslösen, Transport in das nächste Krankenhaus. **Therapie:** Giftentfernung durch Magenspülung; Kohle, Abführmittel, Kontrolle des Elektrolyt- und Flüssigkeitshaushaltes; Schockbekämpfung.

Tollkirsche

Atropa belladonna

Nachtschattengewächse, Solanaceae. **Merkmale:** Die Tollkirsche, auch Teufelskirsche, Schwindelkirsche oder Waldnachtschatten, ist eine strauchig erscheinende Staude mit holzigem, aufrechtem Stengel, von dessen Ende sich die Blattstiele schirmartig ausbreiten. Diese 50–150 cm große Giftpflanze trägt dunkelviolette, glokkige Blüten, sowie etwa kirschgroße, glänzend schwarze Beeren. Während des Sommers trägt die Staude gleichzeitig Blüten, unreife (grüne) und reife Früchte. **Vorkommen:** Ganz Europa, im Norden selten. In lichten Wäldern, auf Kahlschlägen und an Rändern von Waldwegen. **Gift:** In allen Teilen der Pflanze, hauptsächlich aber in den Früchten, sind l-Hyoscyamin und Atropin enthalten. Vergiftungen kommen sowohl bei Kindern als auch bei Erwachsenen durch

Typische Wuchsform der Tollkirsche (oben) sowie Blüten und Früchte (unten).

den Verzehr der süßlich schmekkenden Beeren vor. Als tödliche Dosis werden für Kinder 3–4, für Erwachsene mehr als 10 Früchte angegeben. **Wirkung:** Zentral erregende Wirkung durch relativ hohe Dosen; sie betrifft Großhirn, Zwischenhirn und verlängertes Mark. Peripher lähmende Wirkung, schon durch niedrige Dosen, an allen cholinergisch reagierenden Nervenenden. **Vergiftungserscheinungen:** Bald nach Aufnahme der Beeren stellen sich ein: psychomotorische Unruhe und allgemeine Erregung, Rededrang, Euphorie, Weinkrämpfe, Intentionsstörung, choreatische Zustände, Ataxie, Irrereden, Halluzinationen. Zunahme des Erregungszustandes bis zu Tobsuchtsanfällen; Schüttelkrämpfe,

Schwindel und Übelkeit, selten Erbrechen (Erbrochenes violett gefärbt, mit fast narkotischem Geruch), Vertiefung und Beschleunigung der Atmung, schneller Puls und Blutdrucksteigerung; maximale Erweiterung der Pupillen, Lichtscheue, Seh- und Sprachstörungen; rote trockene und heiße Haut, erhöhte Körpertemperatur, Durst. Die 4 Hauptsymptome sind:
1. Rötung des Gesichtes,
2. Trockenheit der Schleimhäute,
3. Pulsbeschleunigung,
4. Erweiterung der Pupillen.
Erste Hilfe: Erbrechen auslösen, beruhigen, schneller Transport in das nächste Krankenhaus. **Therapie:** Magenspülung mit gut eingeöltem Schlauch, Medizinalkohle. Als Antidot Physostigmin, 2 mg alle 20 Minuten bis zur Behebung der Symptome (Atemdepression, Krämpfe, Verwirrtheitszustände, Herzrhythmusstörungen). Im Excitationsstadium Sedativa. Gegen Erregungszustände und Krämpfe Phenobarbital oder Benzodiazepine, bei Koma und Atemschädigung Kreislauf- und Atemhilfe, evtl. künstliche Beatmung. Temperatursenkende Maßnahmen ergreifen, z. B. Umschläge mit nassen Tüchern. Prognose im allgemeinen günstig; ungünstig bei langen komatösen Zuständen und schwerer Atemlähmung.

Schwarzes Bilsenkraut

Hyoscyamus niger

Nachtschattengewächse, Solanaceae. **Merkmale:** Mit einer rübenförmigen Wurzel wächst das ein- oder zweijährige Bilsenkraut mit einem aufrechten, bis oben beblätterten Stengel zu einer Höhe von ca. 40–80 cm; selten werden Größen von über 1 m erreicht. Die meist grundständigen, gestielten, graugrünen Blätter sind eiförmig bis länglich und buchtig gezähnt und, wie auch der Pflanzenstengel, klebrig-zottig behaart. Die Blütezeit der Pflanze dauert etwa vom Juni bis zum Spätherbst. Die schmutziggelben Blüten mit ihrem glockigen, 5spaltigen Kelch und der trichterförmigen, 5lappigen Krone sind von violetten Adern durchzogen und an der Basis meist purpurn gefärbt. Sie bilden einseitswendige, dicht am Stengel sitzende, ährenförmige Blütenstände. Bis zu 200 Samen sind in einer Frucht, einer 2fächerigen Kapsel, enthalten. Die ganze Pflanze strömt einen unangenehmen Geruch aus. **Vorkommen:** Vom Mittelmeergebiet aus nach Mitteleuropa verbreitet; selten. An Weg- und Straßenrändern, an Hängen und auf Brachland und Schutthalden. **Gift:** In allen Pflanzenteilen, besonders aber in der Wurzel, sind Hyoscyamin, Atropin und auch Scopolamin enthalten. Vergiftungen selten; meist durch Verwechslung der Wurzel mit der Garten-Schwarzwurzel oder der Samen mit Mohnsamen. **Wirkung:** Zentral erregende Wirkung auf Großhirn, Zwischenhirn und verlängertes Mark. Peripher lähmende Wirkung an allen cholinerisch reagierenden Nervenendigungen. **Vergiftungserscheinungen:** Psy-

Das Schwarze Bilsenkraut ist heute selten geworden.

chomotorische Unruhe und allgemeine Erregung, Schwindel und Übelkeit, selten Erbrechen; Kopfschmerzen, Rededrang, Euphorie, starker Bewegungsdrang, Halluzinationen, Ataxie, Schüttelkrämpfe. Zunahme des Erregungszustandes, Beschleunigung und Vertiefung der Atmung, Herzklopfen, schneller Puls, Blutdrucksteigerung, weite und starre Pupillen, Seh- und Sprachstörungen; rote trockene und heiße Haut, erhöhte Körpertemperatur. **Erste Hilfe:** Erbrechen auslösen, beruhigen, schneller Transport in das Krankenhaus. **Therapie:** Magenspülung mit gut eingeöltem Schlauch, Medizinalkohle. Als Antidot Physostigmin, 2 mg alle 20 Minuten bis zur Behebung der Symptome (Atemdepression und Krämpfe, schwere Verwirrtheitszustände, Herzrhythmusstörungen). Im Excitationsstadium Sedativa. Gegen Erregungszustände und Krämpfe Benzodiazepine oder Barbiturate, bei Koma und Atemschädigung künstliche Beatmung, Kreislaufmittel. Temperatursenkende Maßnahmen, z. B. nasse Tücher. Prognose im allgemeinen günstig.

Bittersüßer Nachtschatten

Solanum dulcamara

Nachtschattengewächse, Solanaceae. **Merkmale:** Der Bittersüße Nachtschatten, den man auch Waldnachtschatten oder Bittersüß nennt, ist ein Halbstrauch mit einem unten verholzenden, oben

Bittersüßer Nachtschatten, links Blüten, rechts Früchte

meist krautigen Stengel, der entweder niederliegend oder rechtsbzw. linksrankend in die Höhe wächst, wobei die Triebe bis etwa 1,5 m lang werden können. Die gestielten Blätter sind spitzoval und haben am Grund nicht selten 1 oder 2 buchtig abgetrennte Seitenblättchen. In rispenartiger Anordnung stehen die violetten Blüten. Zu mehreren, in langstieligen Rispen, hängen die Früchte – etwa erbsengroße, eiförmige, glänzend rote Beeren, die anfangs bitter, dann süßlich schmecken. Diese Pflanze blüht und fruchtet etwa von Juni bis August, das heißt, daß man an einem Strauch zugleich Blüten, unreife (grüne), halbreife und vollreife Früchte finden kann. **Vorkommen:** Gesamteuropa. In feuchten Wäldern und Gebüschen, an Ufern, auf nährstoffreichen Böden von der Ebene bis in mittlere Gebirgslagen. **Gift:** In den Beeren, vermutlich auch in den

Blättern, sind Saponine und Solanin enthalten. Reife Früchte sollen in geringerem Maße giftig sein als es die unreifen sind. Schon nach einer Aufnahme von 6 Beeren ist eine ärztliche Behandlung ratsam, als tödliche Dosis werden 10 Früchte angegeben. Mehrere Vergiftungsfälle sind bekannt und beschrieben, zwei sogar mit tödlichem Ausgang. Betroffen werden vorwiegend Kinder. **Wirkung:** Saponin wirkt lokal reizend; Auflösung roter Blutkörperchen (Hämolyse). Solanin ist ein Protoplasma-Gift; resorptiv hat es erregende, später lähmende Wirkung auf das Zentralnervensystem. **Vergiftungserscheinungen:** Kratzen im Mund und im Rachen, Übelkeit, Erbrechen, starke und schmerzhafte Durchfälle. Erhöhter Pulsschlag, Atemnot, Schwindel, weite Pupillen, Nierenreizung bzw. Nierenentzündung. Zentrale Erregung, Angstzustände, Platzangst, Fieber, Krämpfe, Benommenheit, Lähmungen; später nicht mehr ausreichende Atemleistung, erniedrigte Körpertemperatur, Koma. Tod durch Atemlähmung möglich. **Erste Hilfe:** Bei Aufnahme mehrerer Früchte Erbrechen auslösen, den nächsten Arzt oder das nächste Krankenhaus aufsuchen. **Therapie:** Erbrechen bzw. Magenspülung, Medizinalkohle, auch später zu wiederholen; Abführmittel; Schleimnahrung. Bei Auftreten von Krämpfen Benzodiazepine oder Barbiturate. Bei Atemstörungen und Kollapszuständen Atem- und Kreislaufmittel. Prognose meist günstig.

Schwarzer Nachtschatten

Solanum nigrum

Nachtschattengewächse, Solanaceae. **Merkmale:** Der als einjährige Staude wachsende Schwarze Nachtschatten wird kaum höher als 60 cm und bildet aufrechte, verzweigte, krautige Stengel. Die eiförmig zugespitzten Blätter sind ganzrandig oder gezähnt. Sternförmige, 5zählige weiße Blüten hängen kurzgestielt in seitenständiger Trugdolde. Die kugeligen, etwa erbsengroßen, schwarzen Früchte reifen von August bis in den Oktober; sie sind saftig und schmecken schleimig-scharf, säuerlich. Bei völliger Reife sind sie meist schwarz, selten gelblichgrün oder rot. **Vorkommen:** Mitteleuropa. Auf Äckern, Gärten, Schuttplätzen, an Wegrändern, Zäunen und Hecken. **Gift** bis **Therapie:** Siehe Bittersüßer Nachtschatten.

Schwarzer Nachtschatten

Kartoffel

Solanum tuberosum

Nachtschattengewächse, Solanaceae. **Merkmale:** Die Kartoffel wächst als 40–70 cm groß werdende Staude mit aufrechtem, verästeltem Stengel. Die großen unterseits behaarten Blätter sind unterbrochen gefiedert. In Trugdolden stehen die weißen bis violetten Blüten. Die reifen Früchte sind grüne, etwa kirschgroße, kugelige Beeren; genießbar sind jedoch nicht die Früchte, sondern die im Erdreich sich entwickelnden Knollen, welche je nach Art vom Frühsommer bis zum Herbst reifen. **Vorkommen:** Ursprünglich in Südamerika beheimatet, wurde die Kartoffel im 16. Jahrhundert in Europa eingeführt und wird nun auf der ganzen Welt kultiviert. **Gift:** In den Blüten, den grünen Beerenfrüchten und in unreif geernteten Kartoffeln, aber auch in den Keimen und Augen von den im Keller auskeimenden Kartoffeln ist als Hauptwirkstoff Solanin enthalten. Im Preßsaft von Kartoffeln ist auch, allerdings in sehr geringer Menge, Cholin und Acetylcholin nachgewiesen worden. **Wirkung:** Reizung der Verdauungswege, Auflösung der roten Blutkörperchen. **Vergiftungserscheinungen:** Einige Stunden nach dem Essen der grünen Beeren brennendes und kratzendes Gefühl im Hals, Kopfschmerzen, Benommenheit, Erbrechen und übelriechende, heftige Durchfälle sind möglich. Schweißausbrüche, Krämpfe, unregelmäßige Atmung. **Erste Hilfe:** Erbrechen auslösen, Arzt oder Krankenhaus aufsuchen. **Therapie:** Magenspülung, Kohle. Prognose meist günstig; tödliche Vergiftungen sind bekannt.

Blüten und Früchte der Kartoffel

Stechapfel

Datura stramonium

Nachtschattengewächse, Solanaceae. **Merkmale:** Der Stechapfel, auch Tollkraut oder Asthmakraut genannt, ist eine kräftige, einjährige, 30–100 cm große, krautige Pflanze mit eiförmig-zugespitzten, ungleich buchtig gezähnten Blättern. Etwa von Juni bis September erscheinen die 10 cm langen, trompetenförmigen, weißen bis hellvioletten alleinstehenden Blü-

Der Stechapfel stammt ursprünglich aus Zentralamerika.

ten. An den gabelästig verzweigten Stengeln sitzen dann, meist von August bis Oktober, die Früchte. Diese etwa haselnußgroßen Gebilde sind, ähnlich wie die Kastanie, zunächst grün und stachelig. Bei zunehmender Reife wird die Fruchthülle braun und springt 4klappig auf; sie enthält eine große Anzahl kleiner, nierenförmiger, dunkelbrauner Samenkerne. Die ganze Pflanze verbreitet einen unangenehmen Geruch. **Vorkommen:** Ursprünglich in Zentralamerika heimisch, wurde der Stechapfel im 16. Jahrhundert nach Europa eingeführt und kommt nun in Süd- und Mitteleuropa verwildert vor. Auf Ödland, an Waldrändern, auch auf Weinbergen, Dämmen und Schuttplätzen; liebt lockeren, stickstoffhaltigen Boden. Selten zu finden. **Gift:** In den Blättern und Samen der Pflanze finden sich folgende Alkaloide: l-Hyoscyamin, Atropin und l-Scopolamin. Nach dem Verzehr der Samen wurden Vergiftungen, vor allem bei Kindern, bekannt. **Wirkung:** Zentral erregende Wirkung auf Großhirn, Zwischenhirn und verlängertes

Unreife und reife Frucht des Stechapfels.

Mark. Peripher lähmende Wirkung an allen cholinergisch reagierenden Nervenenden. **Vergiftungserscheinungen:** Ähnlich wie bei Tollkirschenvergiftung: Unruhe und allgemeine Erregung, Rededrang, Weinkrämpfe, Euphorie, starker Bewegungsdrang, Schüttelkrämpfe, Halluzinationen, Ataxie, Zunahme des Erregungszustandes, Beschleunigung und Vertiefung der Atmung, Herzklopfen, schneller Puls und Blutdrucksteigerung, weite und starre Pupillen, Seh- und Sprachstörungen; rote, trockene und heiße Haut, erhöhte Körpertemperatur. **Erste Hilfe:** Erbrechen auslösen, beruhigen und schneller Transport in das nächste Krankenhaus. **Therapie:** Magenspülung mit gut eingeöltem Schlauch, Kohle. Als Antidot Physostigmin, 2 mg alle 20 Minuten bis zur Behebung der Symptome (Atemdepression und Krämpfe, Verwirrtheitszustände, Herzrhythmusstörungen). Im Excitationsstadium Sedativa. Gegen Erregungszustände und Krämpfe Phenobarbital, Benzodiazepine, bei Koma und Atemschädigung künstliche Beatmung und Kreislaufmittel. Temperatursenkende Maßnahmen ergreifen, z. B. Umschläge mit nassen Tüchern.

Virginischer Tabak

Nicotiana tabacum

Nachtschattengewächse, Solanaceae. **Merkmale:** Der Tabak ist eine bis etwa 2 m hohe Pflanze mit aufrechtem, wenig verzweigtem Stengel. Die Blätter stehen wechselständig; während die unteren breit-elliptisch sind und am Stengel herablaufen, wachsen die oberen Blätter schmäler, meist sitzend. Etwa von Juni bis September blüht der Tabak mit rötlichen, selten weißen, trompetenförmigen Blüten, die in endständigen Rispen stehen. **Vorkommen:** Mittelamerika. Im 16. Jahrhundert von Seeleuten nach Europa gebracht und jetzt auf fast der ganzen Welt in industriellem Ausmaß kultiviert. **Gift:** In allen Teilen der Pflanze, mit Ausnahme der reifen Samen, ist Nikotin enthalten. Der Nikotingehalt des Blattes schwankt zwischen 0,6 und 9%; außerdem enthalten die Blätter noch Nebenalkaloide, die mit dem Nikotin verwandt sind; unter anderen Myosmin und Isonicotoin. Bei Kindern sind Vergiftungen mit Tabakerzeugnissen gefährlich (große Nikotinempfindlichkeit). Bei Erwachsenen handelt es sich meist um unbeabsichtigte Vergiftungen durch Schädlingsbekämpfungsmittel, die bis zu 98% Rohnikotin enthalten. Davon besonders betroffen sind Gärtner; durch Inhalation des versprühten Mittels und Resorption durch die Haut. **Wirkung:** Zuerst Erregung des sympathischen Nervensystems, dann Lähmung der vegetativen Zentren. **Vergiftungserscheinungen:** Brennen im Mund, von der Magengegend ausgehendes Wärmegefühl; kühle blasse Haut, kalter Schweiß, Kopfschmerzen, Zittern, blitzschnelle Zuckungen an allen Extremitäten, Schwindel, Schwäche bis zur Ohn-

Blühender Virginischer Tabak – sein Nikotin ist ein starkes Gift.

macht, Übelkeit, Erbrechen, Durchfälle, Leibschmerzen; ferner Atemnot, Brustbeklemmung, Herzklopfen, Angina-pectoris-Anfälle, Gefäßkrämpfe im Bauch und Unterleib und der Extremitäten; Sehstörungen, später Bewußtseinstrübung. Nach sehr großen Gaben (hauptsächlich bei Selbstmorden) sofortiger Kollaps und tödliche Atemlähmung innerhalb weniger Minuten. Als tödliche Dosis werden für einen Erwachsenen 50 mg Nikotin angegeben. Enthalten ist diese Menge (nicht im Rauch, sondern im Tabak!) in einem Drittel einer schweren Zigarre, in 1–2 mittelschweren Zigarren oder 2–3 Zigaretten. **Erste Hilfe:** Sofort Erbrechen auslösen, schneller Transport zum nächsten Krankenhaus. **Therapie:** Sofort Erbrechen oder Magenspülung, künstliche Beatmung, Plasmaexpander, Sedieren, forcierte Diurese unter Ansäuerung, Elektrolytkontrolle. Prognose ernst.

Roter Fingerhut

Digitalis purpurea

Rachenblütler, Scrophulariaceae. **Merkmale:** Von Juni bis August blüht der Rote Fingerhut, der eine Höhe von bis zu 160 cm erreichen kann. Die großen, filzigen Grundblätter sind eiförmig, gekerbt und langstielig; je höher die Blätter am Pflanzenstengel sitzen, desto kleiner, schmäler und kurzstieliger werden sie. Die zahlreichen, einseitswendig stehenden, fingerhutähnlichen Blüten werden etwa 4–5 cm lang, sind außen glatt, rosa bis purpurfarben (selten weiß); innen behaart, mit dunkleren, weiß umrandeten Flecken. **Vorkommen:** Westeuropa. In lichten Wäldern, an buschigen Abhängen und auf Lichtungen und Kahlschlägen. Vielfach auch als Gartenpflanze kultiviert. **Gift:** Vorwiegend in den Blättern sind Digitalin, Digitoxin, Gitaloxin, Gitarin, Gitoxin enthalten. **Wirkung:** Digitaliswirkung auf die Herzmuskulatur, auf die Reizbildungszentren und die Kreislaufverhältnisse; Beseitigung von Stauungserscheinungen durch verbesserten Harnabfluß. **Vergiftungserscheinungen:** Das Kauen der Fingerhutblätter verursacht Entzündungen des Mundes, Übelkeit, grasgrünes Erbrechen. Nach Überdosierung von Digitalis-Präparaten: Übelkeit, Erbrechen, Durchfälle; vorübergehende Sehstörungen und Halluzinationen sind möglich; Herzrhythmusstörungen. **Erste Hilfe:** Arzt aufsuchen. **Therapie:** Magenspülung, Kohle, Abführmittel; Bettruhe, Sedativa. Bei Herzrhythmusstörungen Digitalis-Antidot i. v.; nach Intrakutan- und Konjunktivaltestung gegebenenfalls noch Medikamente gegen Rhythmusstörungen. Bei Stenokardie Nitropräparate. Bei drohendem Lungenödem Atem- und Kreislaufhilfe, parenterale Flüssigkeits- und Elektrolytzufuhr wegen ständigem Erbrechen. Prognose ernst.

Gelber Fingerhut

Digitalis lutea G

Rachenblütler, Scrophulariaceae. **Merkmale:** Der ebenfalls von Juni bis August blühende Gelbe Fingerhut wird nur etwa 100 cm hoch. Die Blätter sind schmäler als beim Roten Fingerhut. Die weißlichen

Gelber Fingerhut

bis hellgelben Blüten sind ohne Flecken und werden nur 2–2,5 cm lang. **Vorkommen:** Europa; im Norden und Osten selten. In Laubwäldern, auch Bergwäldern, im Unterholz, an steinigen Hängen. **Gift** bis **Therapie:** Siehe Roter Fingerhut.
Ebenfalls herzwirksame Glykoside enthalten auch der Wollige Fingerhut *(D. lanata)* und der geschützte Großblütige Fingerhut *(D. grandiflora)*.

Löwenzahn

Taraxum officinale

Korbblütler, Asteraceae. **Merkmale:** Der Löwenzahn blüht und fruchtet vom April bis zum Herbst. Den bei Reife auf dem kugeligen Blütenboden stehenden Früchten dient ein strahlenförmig ausgebreiteter Haarkelch (»Fallschirm«) als Flugvorrichtung; der Löwenzahn ist dann die sogenannte »Pusteblume« der Kinder. **Vorkommen:** Europa. Überall sehr häufig; auf Wiesen und Feldern, vom Flachland bis ins Hochgebirge. **Gift:** Hauptsächlich Wurzel und Stengel enthalten den Bitterstoff Taraxin. **Wirkung:** Choleretisch und harntreibend; auch Gastroenteritis und Herzrhythmusstörungen treten auf. **Vergiftungserscheinungen:** Brechdurchfall, Herzrhythmusstörungen. **Erste Hilfe:** Nicht notwendig. **Therapie:** Nur bei sehr großen Mengen Magenspülung, Medizinalkohle, Kreislaufmittel.

Löwenzahn wirkt nur bei Aufnahme sehr großer Mengen schädigend.

Weißer Germer

Veratrum album

Liliengewächse, Liliaceae. **Merkmale:** Der Weiße Germer ist eine krautartig wachsende Pflanze mit knolligem Wurzelstock, die etwa 1–1,5 m hoch wird. Er blüht etwa von Juli bis September. Der Stengel ist aufrecht und flaumhaarig; die ihn am Grund umfassenden, wechselständigen Blätter sind breit elliptisch, längsfaltig und werden schmäler, je weiter oben sie wachsen; ihre Unterseite ist flaumig behaart. Die kurzgestielten Blüten sind weißlich, gelblich oder grünlich in einer aus vielblütigen Trauben zusammengesetzten Rispe. **Vorkommen:** Mittel- und Südeuropa. In bergigen Gegenden, auf feuchten Weiden und Wiesen; vorwiegend in Höhen zwischen 1000 und 2700 m. **Gift:** In allen Teilen der Pflanze sind als Hauptalkaloide Protoveratrin und Germerin enthalten, außerdem Nebenalkaloide und andere Stoffe. Schon wegen des unangenehmen Geschmacks der Pflanze sind Vergiftungen äußerst selten. Möglich sind medizinale Vergiftungen durch Verwechslung von Rhiz. Veratri mit Rhiz. Galangae oder durch Anwendung von Tinct. Veratri als Läusemittel anstelle Acetum Sabadillae. In der Antike wurde der Weiße Germer als Mordgift benutzt; man präparierte damals Pfeilspitzen mit dem Gift. **Wirkung:** Die Veratrumalkaloide wir-

Weißer Germer ▷

ken reizend auf sensible Nervenenden (Haut, Augen, Nase, Mund) und haben außerdem eine blutdrucksenkende Wirkung. **Vergiftungserscheinungen:** Nach oraler Aufnahme Schmerzen im Mund, Brennen an der Zunge, Kratzen und Prickeln im Rachen; später in Unempfindlichkeit übergehend. Speichelfluß, Durstgefühl, Erbrechen und heftige Durchfälle, verminderte Urinausscheidung, Erregungszustände, Muskelzuckungen, Krämpfe, Kältegefühl und Zittern am ganzen Körper, Angstgefühl, Blässe, Kollapszustände; Puls stark verlangsamt, schwach; unter zunehmender Atemnot, Absinken der Körpertemperatur, Kreislaufschwäche und Erstickungserscheinungen kann im Kollaps, oft bei bis zuletzt erhaltenem Bewußtsein, der Tod eintreten (3–12 Stunden nach Giftaufnahme). **Erste Hilfe:** Bei oraler Aufnahme und Auftreten der beschriebenen Vergiftungserscheinungen sollte unbedingt rasch das nächste Krankenhaus aufgesucht werden. **Therapie:** Wichtig sind wiederholte Magenspülung, Kohle und Abführmittel. Bei drohender Atemlähmung künstliche Atmung, bei starker Bradykardie Atropin. Symptomatisch: Kreislaufmittel, Atemhilfe, Wärmezufuhr.
Selten wildwachsend zu finden ist der ebenfalls giftige Schwarze Germer *(Veratrum nigrum)*, der die gleichen giftigen Stoffe wie der Weiße Germer beinhaltet. Seiner schönen schwarzpurpurnen Blüten wegen findet man ihn ab und zu in Gärten als Zierpflanze.

Herbstzeitlose

Colchicum autumnale

Liliengewächse, Liliaceae. **Merkmale:** Während des Sommers bildet diese krautige Pflanze eine bis 7 cm lange Knolle mit einem Seitensproß, aus dem im Herbst die Blüten hervorgehen. Während dann im Winter die Mutterknolle abgebaut wird, verdickt sich der Seitensproß zu einer zweiten Knolle. Von August bis Oktober blüht die Herbstzeitlose. Jede Pflanze bringt 1–3 grundständige Blüten mit weißlicher Röhre und 6 großen, zart rosa bis lilafarbenen, trichterförmig gestellten Blütenhüllblättern hervor, die selten größer als 15 cm werden. Die blühende Pflanze hat keine Laubblätter; diese entwickeln sich erst im folgenden Frühjahr, sind 20–30 cm lang, breit-lanzettlich und parallelnervig. Gleichzeitig mit

Früchte der Herbstzeitlose

Die auffälligen Blüten der Herbstzeitlose erscheinen von August bis Oktober.

den Laubblättern wächst der Fruchtknoten zu einer länglich-eiförmigen, bis 6 cm langen Kapsel heran, in der die zahlreichen dunkelbraunen Samen reifen. **Vorkommen:** Süd-, Mittel- und Westeuropa. Verbreitet auf Wiesen, auch in feuchten lichten Waldungen, bis hoch ins Gebirge. **Gift:** Das giftige Colchicin ist in allen Teilen der Pflanze enthalten. Viele Vergiftungen sind bekannt und beschrieben, einige davon sogar mit tödlichem Ausgang. Betroffen davon waren hauptsächlich Kinder, die auf dieses Pflanzengift offensichtlich besonders empfindlich reagieren. Vergiftungen sind auch möglich durch Milch von Ziegen und Schafen, wenn diese Tiere Herbstzeitlosen gefressen haben. Als tödliche Dosis werden 20–40 mg (5–10 Samen) angegeben. **Wirkung:** Auf den Zellkern; kapillarschädigend. **Vergiftungserscheinungen:** Infolge langsamer Giftresorption treten die ernsten Krankheitserscheinungen erst 2–6 Stunden nach Giftaufnahme auf. Zunächst Kratzen und Brennen im Mund, Schlingbeschwerden, Übelkeit, häufiges Erbrechen mit Durchfällen und Darmkrämpfen; blutiger Urin, starke Wasserverarmung des Körpers mit Durstgefühl. Resorptiv: aufsteigende zentrale Lähmung, Atemnot. Tod bei erhaltenem Bewußtsein durch Atem- und Kreislaufinsuffizienz. **Erste Hilfe:** Ein Erbrechenlassen wäre nur unmittelbar bzw. kurze Zeit nach der Giftaufnahme sinnvoll. Nach Auftreten der Symptome ist die Vergiftung jedoch schon soweit fortgeschritten, daß dem Betroffenen nur in einem Krankenhaus geholfen werden kann. **Therapie:** Magenspülung auch in Verdachtsfällen, Kohle, Abführmittel. Kreislaufhilfe mit Flüssigkeits- und Elektrolytausgleich, gegebenenfalls Atemhilfe. Gegen Abdominalspasmen Atropin und Papaverin. Prognose ernst; Sterblichkeit etwa 90%.

Vielblütige Weißwurz

Vielblütige Weißwurz

Polygonatum multiflorum

Liliengewächse, Liliaceae. **Merkmale:** 30–70 cm hohe Staude mit kräftigem, runden Stengel und wechselständig sitzenden, eiförmigen bis elliptischen Blättern. Im Frühjahr hängen an der Unterseite des gebogenen Stengels Gruppen von je 2–5 weißlichen, glockigen Blüten. Die im Sommer reifenden Früchte sind etwa erbsengroße, schwarzblaue, bereifte Beeren. **Vorkommen:** Fast ganz Europa. In schattigen Laubwäldern und in Gebüschen. **Gift:** Die giftigen Digitalisglykoside sind hauptsächlich in den Beeren enthalten. Vergiftungen durch die Weißwurz-Pflanzen sind selten; dazu wäre eine große Menge Beeren notwendig. Trotzdem ist der Tod eines Kindes bekannt und beschrieben, das diese Beeren gegessen hatte. **Wirkung:** Digitaliswirkung auf die Herzmuskulatur, auf die Reizbildungszentren, Verbesserung der Kreislaufverhältnisse. **Vergiftungserscheinungen:** Übelkeit, Magen-Darm-Beschwerden mit Erbrechen und Durchfällen; möglich sind auch vorübergehende Sehstörungen und Halluzinationen; Herzrhythmusstörungen. **Erste Hilfe:** Kaum erforderlich; außer nach Aufnahme großer Mengen, die das Aufsuchen eines Arztes notwendig machen, besteht keine Gefahr. **Therapie:** Magenspülung, Kohle, Abführmittel; Bettruhe, Sedativa. Gegen Herzrhythmusstörungen Chinidin und Lidocain (bei Kammerflimmern), Atropin und Orciprenalin (bei Herzblock oder Bradykardie). Bei Stenokardie Nitropräparate. Flüssigkeits- und Elektrolytzufuhr wegen ständigem Erbrechen. Prognose ernst.

Wohlriechende Weißwurz

Polygonatum odoratum

Liliengewächse, Liliaceae. **Merkmale:** 15–50 cm hohe Staude mit kantigem, gebogenem Stengel. Die eiförmig-elliptischen Blätter wachsen in 2 Reihen an der Oberseite des Stengels, und stehen beidseitig schräg nach oben. Die wohlriechenden, weißlichen, glokkigen Blüten hängen einzeln, selten zu zweit. Die schwarzblauen Beeren werden bis zu 12 mm groß (s. Foto S. 122). **Vorkommen:** Fast ganz Europa. In trockenen, lichten Wäldern, Gebüschen, auf Heidewiesen. **Gift** bis **Therapie:** Siehe Vielblütige Weißwurz.
Ähnlich in ihrer Wirkung ist auch die Quirlblättrig Weißwurz *(Polygonatum verticillatum)* mit ihren quirlständig stehenden Blättern und den erbsengroßen, anfangs roten, später schwarzblauen Beeren (s. Foto S. 127).

Maiglöckchen

Convallaria majalis

Liliengewächse, Liliaceae. **Merkmale:** Das Maiglöckchen ist eine ausdauernde Pflanze mit einer unterirdischen Sproßachse die

Vielblütige Weißwurz, Früchte

Wohlriechende Weißwurz (Salomonssiegel)

Schön, aber gefährlich: das Maiglöckchen.

sich alljährlich verlängert und Seitentriebe bildet; deswegen steht es auch meist in größeren Trupps zusammen. Im Frühjahr bilden sich 2 grundständige, zunächst tütenförmig eingerollte, dann langgestielte, oval-lanzettliche, ganzrandige Blätter. Im Mai und Juni hängen dann an einem laubblattlosen Stengel nach einer Seite traubig übereinander die weißen bis grünlichen, stark duftenden Blüten. Die Früchte, kugelrunde, etwa erbsengroße, rote Beeren, reifen von August bis September. **Vorkommen:** Mit Ausnahme des hohen Nordens und einiger südlicher Gebiete ist das Maiglöckchen in ganz Europa verbreitet. Bevorzugte Standorte sind lichte Laub- und Mischwälder, Gebüsche und Bergwiesen. Häufig auch als Zierpflanze in Gärten. **Gift:** Alle Pflanzenteile sind giftig und enthalten Digitalisglykoside, Convallatoxin, Convallamarin, Convallosid sowie Saponine und Carotin. Tödliche Vergiftungen sind bekannt und beschrieben; so z. B. der Fall eines 5jährigen Kindes, das starb, nachdem es aus einer Blumenvase, in der ein Maiglöckchenstrauß stand, das Wasser ausgetrunken hatte. Im allgemeinen treten Vergiftungen durch Essen der roten Beeren auf, aber auch durch Lutschen und Kauen an Blättern und Blütenstielen. **Wirkung:** Die Hauptwirkstoffe haben typische Digitaliswirkung auf die Herzmuskulatur, Verbesserung der Kreislaufverhältnisse, Beseitigung von Stauungserscheinungen durch verbesserten Harnabfluß. Die Saponine wirken abführend, lokal reizend. **Vergiftungserscheinungen:** Übelkeit, Erbrechen, Krämpfe der glatten Muskulatur des Magen-Darm-Kanals (Koliken, Durchfälle). Absinken der Pulsfrequenz unter 60/Min., Herzrhythmusstörungen mit Blutdruckanstieg; schließlich beschleunigter, fadenförmiger Puls, Auftreten von Vorhofflattern und Vorhofflimmern, Abfall des Blutdruckes, Kollaps und tödlicher Herzstillstand. **Erste Hilfe:** In der Regel nicht notwendig; bei Aufnahme größerer Mengen Erbrechen auslösen, Arzt aufsuchen. **Therapie:** Magenspülung, Kohle, Abführmittel. Atropin bei Bradykardie. Bei Stenokardie Nitropräparate, EKG-Kontrolle, Bettruhe, Sedativa; parenterale Flüssigkeitszufuhr und Elektrolytzufuhr. Unter Umständen Elektrostimulation. Prognose ernst.

Zweiblättrige Schattenblume

Maianthemum bifolium

Liliengewächse, Liliaceae. **Merkmale:** Die ausdauernde, krautige Pflanze wächst mit 2 wechselständigen, dunkelgrünen Blättern und wird 5–15 cm hoch. Von Mai bis Juni trägt die Pflanze kleine, weiße

Früchte des Maiglöckchens

Zweiblättrige Schattenblume, Früchte

Blüten, die in endständigen, aufrechten Trauben angeordnet sind. Im Herbst reifen dann die Früchte – kleine Beeren, die zunächst grünlichweiß, dann grün und rot gefleckt und bei völliger Reife glänzend kirschrot sind. **Vorkommen:** In der nördlich-gemäßigten Zone. Häufig in lichten Wäldern und an Waldrändern. **Gift:** Digitalisglykoside. **Wirkung:** Vergiftungen durch diese nur schwach giftige Pflanze sind nicht bekannt.

Einbeere

Paris quadrifolia

Liliengewächse, Liliaceae. **Merkmale:** Die Einbeere oder Wolfsbeere ist eine ausdauernde, krautige Pflanze. Der im unteren Teil unbelaubte Stengel wird 25–40 cm hoch und trägt oben 4, selten 5 oder sogar 6 waagrecht abstehende, quirlartig angeordnete Blätter. Vom Mai bis Juni werden diese großen, ungestielten, netzadrigen Blätter von der einzigen, endständigen, gestielten Blüte mit 8 dünnen, grünlichgelben bis hellgrünen Blütenhüllblättchen überragt. Der blauschwarz gefärbte, 4fächerige Fruchtknoten entwickelt sich im Juli bis August zu einer vielsamigen, blauschwarzen, etwa kirschgroßen Beere (s. auch Foto S. 122); diese Frucht schmeckt unangenehm süßlich. **Vorkommen:** Fast ganz Europa, im Süden häufiger. In schattigen und feuchten Laub- und Mischwäl-

Die Einbeere ist eine typische, Schatten liebende Waldpflanze.

Gelbe Narzisse: Die Verwechslung ihrer Zwiebel mit einer Küchenzwiebel ist gefährlich.

dern, kalkliebend. **Gift:** Vorwiegend in den Beeren und Wurzeln sind Paridin und Paristyphnin enthalten. Vergiftungen sind bekannt; es ist sogar ein Todesfall beschrieben. Betroffen waren meist Kinder, welche die Einbeere mit Früchten der Heidelbeere verwechselt hatten. **Wirkung:** Örtlich: reizend. Resorptiv: Verengung der Pupillen, Atemlähmung. **Vergiftungserscheinungen:** Übelkeit, Erbrechen, Durchfall mit Darmkrämpfen, Kopfschmerzen, Schwindel, stark verengte Pupillen, Atemlähmung. **Erste Hilfe:** Nicht nötig; im Zweifelsfall oder nach Aufnahme sehr großer Mengen zum Arzt oder in ein Krankenhaus. **Therapie:** Magenspülung, Kohle, Natriumsulfat, Spasmolytika, Kreislauf- und Atemhilfe (Intubation, Sauerstoff) Sedativa. Prognose günstig.

Gelbe Narzisse

Narcissus pseudonarcissus R 3, G

Narzissengewächse, Amaryllidaceae. **Merkmale:** Die auch Osterglocke oder Trompetennarzisse genannte Pflanze wird bis 40 cm hoch, hat lange linealische Blätter und trägt, etwa von März bis April, große, trompetenförmige, gelbe Blüten. **Vorkommen:** Europa; selten. Man findet sie auf Bergwiesen und in hellen Wäldern; meist jedoch als Zierpflanze in Gärten. **Gift:** In den Zwiebeln der Pflanze die Alkaloide Narcissin und Lycorin, sowie ein Bitterstoff. Vergiftungen sind bekannt; sie kamen vor durch Verwechslung mit der Speisezwiebel. **Wirkung:** Emetisch, abführend; lokal: hautreizend. **Vergiftungserscheinungen:** Durch den Saft der Pflanze können lokal

Hautreizungen auftreten. Oral aufgenommen kommt es zu Würgen im Hals, Erbrechen, Durchfall, Schweißausbruch, Benommenheit, Kollaps und Lähmungserscheinungen. **Erste Hilfe:** Im allgemeinen nicht notwendig; bei größeren Mengen jedoch Erbrechen auslösen, Arzt aufsuchen. **Therapie:** Magenspülung, Kohle, Abführmittel, Kreislaufhilfe.

Weiße Narzisse

Narcissus poeticus G

Narzissengewächse, Amaryllidaceae. **Merkmale:** Die Weiße, Echte oder Dichter-Narzisse ist

Weiße Narzisse

eine Zwiebelpflanze, wird etwa 50 cm hoch und hat lange, linealische Blätter. Die duftende, weiße Blüte hat innen eine gebliche Nebenkrone mit rötlichem Rand. Diese geschützte Pflanze wächst und blüht von April bis etwa Mai. **Vorkommen:** Mittelmeergebiet von Frankreich bis Griechenland. In Deutschland verwildert vorkommend; selten. Häufig jedoch als Zierpflanze in Gärten. **Gift:** In der Zwiebel die Alkaloide Narcissin und Narcipoetin. Auch bei dieser Narzisse kam es durch Verwechslung mit der Speisezwiebel zu Vergiftungen. **Wirkung:** Emetisch. **Vergiftungserscheinungen:** Nach Auftreten von Übelkeit stellt sich Erbrechen ein; Kollaps. **Erste Hilfe:** Kaum notwendig; nur bei großen Mengen Erbrechen auslösen und Arzt aufsuchen. **Therapie:** Magenspülung, Kohle, Abführmittel und weitere symptomatische Behandlung.

Drachenwurz

Calla palustris R 3, G

Aronstabgewächse, Araceae. **Merkmale:** Die auch Sumpf-, Schlangenwurz oder Schweinsohr genannte krautige Sumpfpflanze bildet eine lange, grüne, kriechende Grundachse, aus deren Spitze dann die grundständigen Laubblätter und die aufsteigenden Blütenschäfte hervorgehen. Ein »Wandern« der Pflanze wird sichtbar durch den an der Spitze weiterwachsenden und am Ende absterbenden Wurzelstock. Die Blät-

Die Drachenwurz ist eine typische Sumpfpflanze.

ter sind herzförmig, mit glattem Rand, glänzend grün und sitzen an langen Stengeln. Ein flach ausgebreitetes, außen grünes und innen weißes, von deutlich sichtbaren Längsstreifen durchzogenes Hüllblatt umgibt den etwa 3 cm langen Blütenkolben, der unter anderem von den dicht gedrängt sitzenden, kleinen, grünen Blüten gebildet wird. Die im Sommer reifenden, korallenroten, runden bis kantigen, etwa erbsengroßen Beeren sitzen dicht am Kolben und fühlen sich schleimig-klebrig an. **Vorkommen:** Nord- und Mitteleuropa, in den Alpen fehlend. Wächst in der Ebene und im Bergland in Waldsümpfen, Torfmoosen, an Ufern von Teichen, Seen und langsam fließenden Gewässern. Sehr selten. **Gift:** Alle Teile der Pflanze enthalten einen Stoff, der dem Aroin nahesteht. Durch Verzehr einer größeren Anzahl der Beeren sind Vergiftungen möglich. In der Heilkunst früherer Zeiten verwendete man eine Abkochung der Wurzel gegen Schlangengiftwirkung. Gebietsweise setzte man auch die gemahlenen, stärkereichen Wurzelstöcke dem Brotteig zu, wobei die Giftstoffe durch den Backprozeß unwirksam wurden. **Wirkung:** Örtliche Reizwirkung auf die Haut und die Schleimhäute. **Vergiftungserscheinungen:** Äußerlich können auf der Haut Rötungen und Entzündungen auftreten. Nach oraler Aufnahme zeigen sich Reiz-

Früchte der Drachenwurz

wirkungen auf Schleimhäuten mit Blutungen, Blasenbildung, Schwellung der Zunge; außerdem Erkrankung des Magen-Darm-Kanals. Resorptiv tritt eine zentrale Erregung mit Krämpfen auf, dann Lähmung mit Erweiterung der Pupillen und tiefe Bewußtlosigkeit. Auch schwere Atemstörungen können auftreten. **Erste Hilfe:** Erbrechen auslösen und Sorge tragen für Krankenhausbehandlung. **Therapie:** Magenspülung, Kohle, Laxans. Mucilaginosa, Spasmolytika, Überwachung des Elektrolythaushaltes, Schockbekämpfung, Sedativa oder Barbiturate i. v. (bei Krämpfen). Bei Atemstörung Intubation, Sauerstoff, künstliche Beatmung. Prognose ernst.

Aronstab

Arum maculatum

Aronstabgewächse, Araceae. **Merkmale:** Der Aronstab ist eine 10–25 (30) cm hohe, ausdauernde, mehrjährige, krautige Pflanze mit einer knolligen, unterirdischen Sproßachse. Seine Blätter sind langgestielt, pfeilförmig, dunkelgrün, manchmal auch schwärzlich gefleckt. Schon ab April bis Mitte Mai sitzt auf einem blattlosen Stengel die tütenförmige, grünlichweiße Blütenscheide, die sich im unteren Teil kesselförmig erweitert und den charakteristischen, kolbenförmigen Blütenstand umgibt, dessen braunroter Endabschnitt aus dem von der Blütenscheide gebildeten Kessel herausragt. An dem Kolben entwickeln sich dann im Spätsommer dicht gedrängt stehende, eiförmige Beeren, die zunächst grün, dann glänzend rot sind, und die nach dem Absterben der Blätter und dem Abfallen der Blütenscheide freiliegen und von den Waldvögeln verzehrt werden. **Vorkommen:** In Europa verbreitet; wird nach Norden immer seltener. Er kommt zerstreut in schattigen, feuchten Laubwäldern, in Hohlwegen und unter Hecken vor. **Gift:** Die roten Beeren, die frischen Blätter und auch der frische Wurzelstock enthalten das giftige Aroin. Vergiftungen sind bei Kindern vorgekommen durch den Verzehr der etwas süßlich schmeckenden Beeren und der säuerlich schmeckenden Blätter. **Wirkung:** Örtliche Reizwirkung, resorptiv erregend und lähmend auf das Zentral-

Der Blütenstand des Aronstabs bildet eine Kesselfalle für Insekten zur Sicherung der Bestäubung.

nervensystem. **Vergiftungserscheinungen:** Bei örtlicher Einwirkung, unter Umständen schon durch Pflücken des Aronstabes, kann es zu einer heftigen Hautentzündung kommen. Nach oraler Aufnahme treten starke Schwellungen und Entzündungen der Lippen und der Mundschleimhäute auf. Diesen mit brennenden Schmerzen verbundenen Entzündungen folgen Heiserkeit, Speichelfluß, Erbrechen und Magen-Darm-Beschwerden. Resorptiv: Beschleunigung und Unregelmäßigkeit der Herztätigkeit, Prickeln sowie Spannungsgefühl in der Haut. In schweren Fällen erweitern sich die Pupillen, Krämpfe treten auf und die Vergiftung endet tödlich im Koma. Auffallend ist auch das Auftreten von Blutungen in den Bereichen Zahnfleisch, Magen-Darm-Kanal und Gebärmutter. **Erste Hilfe:** Erbrechen auslösen, für Klinikbehandlung sorgen. **Therapie:** Magenspülung, Medizinalkohle. Symptomatische Therapie gegen Schleimhautentzündung. Flüssigkeitszufuhr, Kreislauf- und Atemhilfe, kühle Umschläge. Prognose ernst.

Aronstab, Früchte

Zimmerpflanzen

Wenn in dieses Buch Zimmerpflanzen aufgenommen wurden, so geschah dies weniger wegen deren Giftigkeit, sondern vielmehr wegen der sich häufenden Zahl der Anrufer bei Giftnotruf-Zentralen. Meist sind es besorgte Eltern aus Angst um ihre Kinder, die ja in einem bestimmten Alter einem unheimlichen Zwang unterliegen, alles in den Mund zu stecken und darauf herumzukauen.
Generell kann man sagen, daß Vergiftungen durch Zimmerpflanzen relativ selten sind. So überrascht es auch nicht, daß bei der Auswertung der Statistiken zweier bekannter deutscher »Giftnotrufe«, der nur wenig giftige Korallenstrauch *(Solanum pseudocapsicum)*, dessen rotglänzende Beeren ganz offensichtlich eine Anziehungskraft auf Kinder besitzen, die Nummer Eins bei den Anfragen ist. Das wesentlich giftigere Alpenveilchen *(Cyclamen persicum)* wird dagegen, obwohl es in mindestens ebenso vielen Haushalten gepflegt wird, kaum beachtet.
Wenn bei den aufgeführten Zimmerpflanzen Vergiftungserscheinungen beschrieben sind, so sind dies nicht unbedingt wiedergegebene Erfahrungen aus beobachteten Vergiftungsfällen, da echte Vergiftungen durch diese Pflanzen nicht allzu oft vorkommen, sondern das Wissen um die Wirkung einzelner pflanzlicher Inhaltsstoffe und die Erfahrungen durch Tests im Tierversuch. So kann man davon ausgehen, daß schon eine Vielzahl von Blättern, Blüten oder Früchten gekaut bzw. gegessen werden müssen, um diese Symptomatik zu bestätigen. Im Zweifelsfalle ist es aber immer ratsam, sich an eine der in diesem Büchlein angeführten Giftnotruf-Zentralen, den Hausarzt, das nächste Krankenhaus oder im Notfall an eine der Rettungsleitstellen zu wenden.

Alpenveilchen

Cyclamen persicum

Primelgewächse, Primulaceae.
Unzählige Züchtungen haben das Alpenveilchen zu einer der beliebtesten Topfpflanzen werden lassen. In unterschiedlicher Größe und mannigfaltigen Blütenformen und -farben weicht es stark von seinen Vorfahren aus den Bergen des Mittelmeerraumes ab. In den Pflanzenteilen, hauptsächlich in den frischen Knollen, sind Saponine und als giftiger Hauptbestandteil das Glykosid Cyclamin enthalten. Bei Aufnahme kleinerer Mengen können Übelkeit, Erbrechen, Magenschmerzen und Durchfälle auftreten; bei größeren Mengen sehr heftige gastrointestinale Erscheinungen, Schwindel, Schweißausbrüche, Krämpfe, spä-

ter Lähmungen. Therapie: Nach Verschlucken erbrechen lassen oder Magenspülung, Kohlegabe und Abführmittel; bei Unruhe und Krämpfen Sedativa. Beachtung verdient die Behandlung von Kreislaufschädigung und Atmung.

Alpenveilchen

Becherprimel

Primula obconica

Primelgewächse, Primulaceae. Auch Giftprimel nennt man diese aus China stammende Staude. Sie ähnelt im Aussehen unserer heimischen Schlüsselblume und ist in vielen Farbtönen auf dem Markt. Die Primel enthält im Sekret der Drüsenhaare das Gefäßgift Primin, welches schon bei bloßer Berührung der samtigen Blätter die bekannte Primeldermatitis – Rötung der Haut, starker Juckreiz und Bläschenbildung – auslösen kann. Maßnahmen: Sofortiges Abwaschen mit warmem Wasser. Bei Nichtnachlassen des Juckreizes Arzt aufsuchen.

Becher- oder Giftprimel

Dieffenbachie

Dieffenbachia-Hybriden

Aronstabgewächse, Araceae. Die einzelnen Arten, der aus dem tropischen Regenwald stammenden und nun als *Dieffenbachia*-Hybriden nachgezüchteten Pflanzen unterscheiden sich mehr oder weniger durch die Musterung ihrer Blätter. In allen Teilen der Pflanze sind ein unbekannter Scharfstoff enthalten sowie Calciumoxalat,

Dieffenbachie

Oxalsäure und zyanogene Glykoside. Nach dem Kauen der Blätter können auftreten: Brennen der Lippen und der Zunge, Schluckbeschwerden und Erschwerung des Sprechens durch Schwellungen im Mund-Rauchen-Raum. Therapie: Behandlung der Verätzungs- und Reizerscheinungen; bei oraler Aufnahme reichliche Flüssigkeitsgabe, evtl. Magenspülung.

Flamingoblume

Anthurium-Hybriden

Aronstabgewächse, Araceae. Aus den tropischen Regenwäldern Amerikas stammt die großblättrige Flamingoblume. Charakteristisch ist bei den weißen oder roten Blüten ihr wachsartiger Überzug. Die Pflanze enthält einen unbekannten Scharfstoff und Saponine, welche Reizwirkungen auf Haut und Schleimhaut auslösen können. Bei oraler Aufnahme kann es zu Erbrechen kommen. Therapie: Siehe Dieffenbachie.

Philodendron

Philodendron-Hybriden

Fensterblatt

Monstera deliciosa

Aronstabgewächse, Araceae. Während die Blätter der *Philodendron*-Arten sehr stark variieren, sowohl in der Größe als auch in der Form, ist das Fensterblatt mit seinen großen fiederlappigen Blättern kaum zu verwechseln; bei letzterem hat sich immer noch die alte botanische Bezeichnung »Philodendron« im Sprachgebrauch erhalten. Hauptsächlich in ihren

Flamingoblume

Fensterblatt

Wurzeln enthalten die Pflanzen einen unbekannten Scharfstoff, der auf der Haut und Schleimhaut Reizwirkungen hervorruft. Auch bei diesen Arten kann es bei oraler Aufnahme zu Erbrechen kommen. Therapie: Siehe Dieffenbachie.

Oleander

Nerium oleander

Hundsgiftgewächse, Apocynaceae. Der im Mittelmeerraum beheimatete Strauch mit seinen duftenden, weißen, rosa oder roten Blüten wird bei uns als Zimmerpflanze, aber auch als Strauch in Gärten gehalten. Der Oleander beinhaltet in allen Pflanzenteilen herzwirksame Glykoside und Alkaloide. Innerlich aufgenommen kann es zu Kopfschmerzen, Übelkeit, Erbrechen und Durchfällen, zum Auftreten von Krämpfen und zunehmender Herzschwäche kommen. Maßnahmen: Magenspülung, Kohle, Abführmittel, Bettruhe, Sedativa, Kreislaufüberwachung.

Oleander

Wüstenrose

Wüstenrose

Adenium obesum

Hundsgiftgewächse, Apocynaceae. Der aus Afrika stammende Strauch wächst mit dickem, fleischigen Stamm und kurzen, ebenfalls fleischigen Ästen. Mit seinen glänzend grünen Blättern und den großen rosa Blüten zeigt er Ähnlichkeit mit dem Oleander. Der Milchsaft der Pflanze wird zwar als giftig beschrieben, jedoch sind keine Vergiftungen bekannt. Die Wüstenrose wird von Eingeborenen als Pfeilgift verarbeitet; man sollte also beim Umgang mit diesen Pflanzen auf Wunden an den Händen achten!

Madagaskar-Immergrün

Gummibaum

Madagaskar-Immergrün

Catharanthus roseus

Hundsgiftgewächse, Apocynaceae. Ein in den Tropen vorkommender Halbstrauch, der bei uns als Topfpflanze angeboten wird. Die weißen, rosaroten oder roten Blüten sind tellerförmig ausgebreitet. Wie die meisten Hundsgiftgewächse wird auch der *Catharanthus* als giftig beschrieben. Siehe Oleander!

Gummibaum

Ficus-Arten

Maulbeergewächse, Moraceae. Die vielen, meist gärtnerisch kultivierten Arten haben gemeinsam, daß sie ganzrandige, meist ledrige Blätter in wechselständiger Anordnung haben. Der Milchsaft des Gummibaumes beinhaltet Harz, Kautschuk, Cumarine und Proteine. Das Essen von Blatteilen und Luftwurzeln kann Würgen, Erbrechen und Bauchschmerzen hervorrufen. Empfohlen wird reichlich Flüssigkeit und Kohle zu geben.

Korallenstrauch

Solanum pseudocapsicum

Nachtschattengewächse, Solanaceae. Eine kleine, strauchartig wachsende Topfpflanze, die vorwiegend wegen ihrer schönen beerenartigen, rotglänzenden Früchte gehalten wird und die in allen Pflanzenteilen den Stoff Solanocapsin enthält. Der Korallenstrauch ist eine nur schwach giftige Pflanze, und es muß eine Vielzahl von Früchten gegessen werden, daß nach deren Verzehr Übelkeit, Erbrechen und Leibschmerzen auftreten. Therapie: Reichlich Flüssigkeit, Kohlegabe, sonst symptomatisch.

Der Korallenstrauch ist nur schwach giftig.

Klivie

Clivia miniata

Amaryllisgewächse, Amaryllidaceae. Die Klivie mit ihren orangeroten Blütenständen wird wegen ihrer langen, schmalen Blätter auch Riemenblatt genannt. Die Pflanzenteile beinhalten Alkaloide, die, oral aufgenommen, Übelkeit, Husten, Speichelfluß und Erbrechen auslösen können. Empfohlen wird reichliche Flüssigkeits- und Kohlegabe.

Klivie

Fuchsie

Fuchsia-Hybriden

Nachtkerzengewächse, Onagraceae. Aus den Wildarten der Fuchsie gezüchtete Kulturarten haben wegen ihrer Formen- und Farbenfülle einen großen Beliebtheitsgrad erreicht. Diese Pflanzen sind ungiftig und werden hier ausschließlich wegen der Häufigkeit von Anfragen bei Giftnotruf-Zentralen angeführt. Offensichtlich besitzen die schönen Blüten der Fuchsien eine besondere Anziehungskraft für Kleinkinder.

Fuchsien sind ungiftig.

Croton oder Wunderstrauch

Weihnachtsstern

Croton

Codiaeum variegatum

Wolfsmilchgewächse, Euphorbiaceae. Auch Wunderstrauch nennt man diese aus den Tropen stammende, bei uns gezogene Pflanze. Die grünen, rot oder gelblich gemusterten Blätter sind lanzettlich und stehen wechselständig. In den Pflanzenteilen ist ein giftiger Milchsaft, der – äußerlich – zu Hautreizungen führen kann. Innerlich kann es zu Erbrechen und Durchfällen kommen; hier sollte man reichlich Flüssigkeit geben.

Weihnachtsstern

Euphorbia pulcherrima

Wolfsmilchgewächse, Euphorbiaceae. Wegen seiner bunten Blätter, deren Farbpalette vom satten grün über gelblich-rosa zu leuchtend rot geht, ist der Weihnachtsstern eine beliebte Zimmerpflanze. Auch er hat in seinen Stengeln und Blättern einen giftigen Milchsaft. Wenn dieser milchige Saft auf die Haut gelangt, sollte man die betroffenen Stellen sofort gründlich reinigen. Bei innerlicher Aufnahme kann es zu heftigen Durchfällen und Nierenreizungen kommen. Maßnahmen: Magenspülung, Kohle, Abführmittel und symptomatische Therapie.

Spinnentiere

Hausskorpion

Euscorpius italicus

Skorpione, Scorpionidae. **Merkmale:** Dieser kleine Skorpion mit seinem schwarzbraunen Körper wird nur 3–4 cm lang. An der Rumpfvorderseite trägt er 2 große Scheren; es sind seine mächtig vergrößerten Kiefertaster (Pedipalpen). Der Körper wird von 4 Laufbeinpaaren getragen und setzt sich aus einem breiten vorderen Teil und einem nach allen Seiten beweglichen, schwanzähnlich aussehenden hinteren Teil zusammen. Am letzten Hinterleibssegment sitzt der kräftige, gebogene Stachel, der durch Krümmen des Hinterleibes nach vorn die Beute erreicht und tötet. **Vorkommen:** Mittelmeergebiet. 2 weitere, kleine Vertreter der Skorpione, *E. carpathicus* und *E. germanus* kommen auch in Südtirol und in der Südschweiz vor. Der nördlichste Fundort von *E. carpathicus* war in Niederösterreich. **Gift:** Hyaluronidase. **Wirkung:** Der Stich wird als harmlos beschrieben. **Vergiftungserscheinungen:** Lokale Schmerzen an der Einstichstelle, vergleichbar mit einem Stich durch Bienen oder Wespen. **Therapie:** Kalte Umschläge zur Schmerzlinderung.

Skorpione (im Foto *E. carpathicus*) tragen die Jungtiere eine Zeitlang auf dem Rücken.

Feldskorpion

Buthus occitanus

Skorpione, Scorpionidae. **Merkmale:** Der Feldskorpion ist im Aussehen dem Hausskorpion sehr ähnlich, weist aber eine gelbbraune Färbung auf und wird etwa 8 cm lang. **Vorkommen:** Mittelmeergebiet. **Gift:** Eiweiß enthaltendes Toxin, Hyaluronidase. **Wirkung:** Neurotoxisch. **Vergiftungserscheinungen:** Nach dem Stich lokale Rötung, starke Schmerzen mit Prickeln, später Gefühllosigkeit an der Einstichstelle. Allgemeine Reaktion mit Schwitzen, Schwäche, Pulsverlangsamung. Nach 4–6 Stunden Angst und Ruhelosigkeit mit Pulsbeschleunigung. Bis zu 10 Stunden nach dem Stich kann ein Lungenödem auftreten. **Erste Hilfe:** Oberhalb des Stiches stauen, Ruhigstellung des betroffenen Gliedes; ärztliche Behandlung ist nötig. **Therapie:** Evtl. Inzision der Wunde, Analgetika, Cortison, spezifisches Serum; bei unruhigen Patienten kurzwirkende Barbiturate.

Auch der gleichgroße Felsenskorpion *(Scorpio afer)* kommt im Mittelmeerraum vor. Da alle Skorpione Nachttiere sind, ist in Gebieten, in denen sie vorkommen, ein Barfußlaufen nach dem Einbruch der Dämmerung nicht mehr ratsam.

Der Stich des Feldskorpions ist durchaus gefährlich und sollte behandelt werden.

Kreuzspinne

Araneus diadematus

Radnetzspinnen, Araneidae. **Merkmale:** Meist gelbbraun, selten hellgrün gefärbt, immer mit einem deutlich sichtbaren weißen Kreuz auf dem Hinterleib, lauert die Kreuzspinne in ihrem kunstvoll gesponnenen Radnetz auf ihre Opfer. **Vorkommen:** Europa. Häufig in Wäldern und auf Wiesen, aber auch an Gebäuden. **Gift:** Giftige Eiweißstoffe. **Wirkung:** Nach dem Biß nur lokale toxische Wirkung. **Vergiftungserscheinungen:** Nur an zarten Stellen der Haut kann es zu einem Biß mit nachfolgender starker Schwellung und Lähmung in der Umgebung der Bißstelle kommen. **Therapie:** Kühlende Umschläge.

Kreuzspinne im Netz

Wasserspinne

Argyroneta aquatica R 3

Trichterspinnen, Agelenidae. **Merkmale:** Etwa 15 mm groß wird die Wasserspinne mit ihrem dunkel graubraunen Körper. Ihr Hinterleib ist mit feinsten weißen Härchen überzogen. Zum Luftholen muß die Wasserspinne von Zeit zu Zeit an die Wasseroberfläche steigen; der von einer Lufthülle umgebene Hinterleib sieht dabei aus wie eine große, silberglänzende Blase. Sie baut »Luftglocken« in den Wasserpflanzen. **Vorkommen:** Europa. In Gewässern mit klarem Wasser und reichem Pflanzenwuchs; selten. **Gift** bis **Therapie:** Siehe Kreuzspinne.

Wasserspinne mit luftumhülltem Hinterleib

Dornfingerspinne

Cheiracanthium punctorium

Sackspinnen, Clubionidae. **Merkmale:** Die Dornfinger- oder Stacheltasterspinne wird etwa 1 cm groß. Der Giftapparat dieser hell graubraunen Spinne mündet in starken Cheliceren; sie lebt von Insekten, die sie in ihren röhrenförmigen Netzen fängt. **Vorkommen:** In Deutschland im Odenwald und im südlichen Rheingau; in Frankreich, der Schweiz, in Italien und Jugoslawien. **Gift:** Noch nicht genau bestimmter Stoff. **Wirkung:** Lokal und auf Allgemeinbefinden wirkend. **Vergiftungserscheinungen:** Zunächst stechende und brennende Schmerzen an der Bißstelle, die sich blau-rot verfärbt und anschwillt. Auch Allgemeinerscheinungen können auftreten: Übelkeit, Erbrechen, Kopfschmerzen und eine leichte Temperaturerhöhung. Nach etwa 3 Tagen klingen diese Symptome wieder ab, die Bißstelle kann noch längere Zeit gerötet und geschwollen sein. **Therapie:** Lokal kühlende Umschläge, Cortison-Salben.

Die Dornfingerspinne ist die gefährlichste auch in Mitteleuropa verbreitete Spinne.

Die Malmignatte ist im Mittelmeerraum verbreitet.

Malmignatte

Latrodectus tredecimguttatus

Kugelspinnen, Theridiidae. **Merkmale:** Die Malmignatte ist eine kleine, nur ca. 7–10 mm groß werdende Spinne mit langen Beinen. Ihr Körper ist tiefschwarz und hat 13 blutrote Punkte am Hinterleib. **Vorkommen:** Mittelmeergebiet. Die meisten Bisse durch diese Spinne ereignen sich im Freien, jedoch können sich diese Tiere auch auf Toiletten aufhalten, und zwar an der Unterseite der Brillen oder auch im Inneren der Schüssel. **Gift:** Toxische Eiweißstoffe. **Wirkung:** Freisetzen von Acetylcholin und Katecholaminen wurde tierexperimentell nachgewiesen.

Vergiftungserscheinungen: Innerhalb von 10 Minuten nehmen die Schmerzen des zunächst kaum zu spürenden Bisses stark zu. Es folgen Lymphknotenschwellung, Anstieg des Blutdruckes, Atembeschwerden und Angstzustände, bisweilen mit Todesangst verbunden, Sprachstörungen, Schweißausbruch im Gesicht und Verkrampfung der Kaumuskeln; extrem verhärten können sich auch die Bauchmuskeln. Appetitlosigkeit und Schlafstörungen. **Erste Hilfe:** Kühlende Umschläge, beruhigen; ärztliche Behandlung ist erforderlich. **Therapie:** Gegen lokale Symptome kühlende Umschläge. Wenn vorhanden Spinnengiftserum; gegen Schmerzen Analgetika; Beruhigungsmittel.

Tarantel

Lycosa tarentula

Wolfsspinnen, Lycosidae. **Merkmale:** Bräunlichgraue, 3–5 cm große Spinne mit dunklen Querbinden auf dem Hinterleib. Die Tarantel schläft tagsüber in etwa 20–25 cm tiefen Erdlöchern und geht erst abends und während der Nacht auf Raub; sie erbeutet Insekten im Lauf. Nur während des Frühjahrs ist sie auch tagaktiv. **Vorkommen:** Mittelmeergebiet, vor allem in Italien, Sardinien und Spanien. **Gift:** Ein noch nicht untersuchter Wirkstoff.

Tarantel

Wirkung: Cytotoxisch. »Wie von der Tarantel gestochen« eine »Tarantella« zu tanzen, um nicht dem Wahnsinn zu verfallen, entspricht nicht mehr der Jetztzeit; man schreibt diese Art, durch eine merkwürdige Tanzwut den Spinnenbiß heilen zu wollen, einer Massenpsychose des späten Mittelalters zu. **Vergiftungserscheinungen:** Ungefährlicher Biß, nicht sehr schmerzhaft, mit Bienenstich vergleichbar. **Therapie:** Kühlende Umschläge, sonst symptomatisch.

Zecke

Ixodes ricinus

Zecken, Ixodidae. **Merkmale:** Die 8beinige Zecke, auch Holzbock genannt, lebt vom Blut der Säugetiere, gelegentlich aber auch vom Blut des Menschen; sie besitzt einen Stechsaugrüssel mit Widerhaken. Das normalerweise bis 4 mm große Tier kann, wenn es satt ist, 11 mm Größe erreichen. **Vorkommen:** Von Nordeuropa über Polen, Mittel- und Süddeutschland, CSFR, Ungarn, das Alpengebiet (besonders Österreich) bis Jugoslawien und Griechenland. Lebt in feuchten Gegenden auf Wiesen und in Wäldern. **Gift:** Die Zecke ist kein »Gifttier«, kann aber auf den Menschen zwei ernstzunehmende Krankheiten übertragen:

a) durch Viren die Frühsommer-Meningo-Enzephalitis (FSME) und
b) durch Bakterien die Lyme-Borelliose.

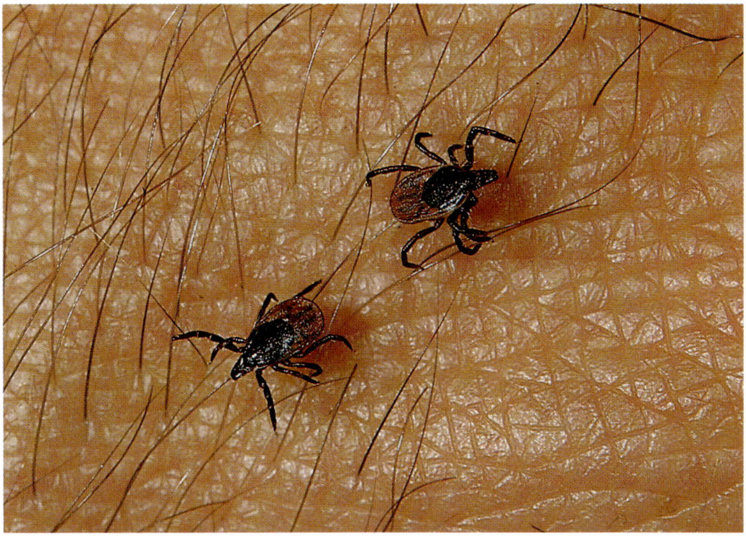

Zecken auf menschlicher Haut

Diagnose: Bei diesen Krankheiten wurden sowohl tödliche Verlaufsformen als auch längeranhaltende Beschwerden (Kopfschmerzen, Lähmungen, depressive Verstimmung) registriert. 3–4 Wochen nach dem Biß sind im Serum des Betroffenen spezifische Antikörper nachweisbar. Erforderlich sind: zu a) eine Vollblutprobe von 5 ml, zu b) 5 ml bzw. 10 ml Serum oder Vollblut. Bei neurologischen Manifestationen wird die gleichzeitige Einsendung von Liquor empfohlen. Bei Gelenkmanifestationen kann auch Gelenkpunktat untersucht werden. **Symptome:** Zu a) Das Krankheitsbild hat einen zweiphasigen Verlauf. 1. Nach einer Inkubationszeit von 3–14 Tagen kommt es zu einem grippeartigen Krankheitsbild mit Fieber, Kopf-, Bauch- und Gliederschmerzen. In der Regel bilden sich diese Erscheinungen innerhalb von 4–6 Tagen wieder zurück, womit das Krankheitsbild vielfach seinen klinischen Abschluß findet. 2. In anderen Fällen (8–10% der infizierten Personen) kommt es zu einer zweiten Phase, die nach 4–6 Tagen Beschwerdefreiheit auftritt und durch hohes Fieber, starke Kopfschmerzen, Erbrechen und Lähmungserscheinungen gekennzeichnet ist. Obwohl die Rückbildungstendenz gut ist, gibt es immer wieder Fälle mit tödlichem Ausgang. Zu b) Anhaltender heftiger Schmerz in der Umgebung der Zeckenbißstelle mit entzündlicher Rötung der Haut, auf der sich ein hellroter, sich nach außen vergrößernder Ring bilden kann. Außerdem Ausfallserscheinungen im Bereich des peripheren Nerven-

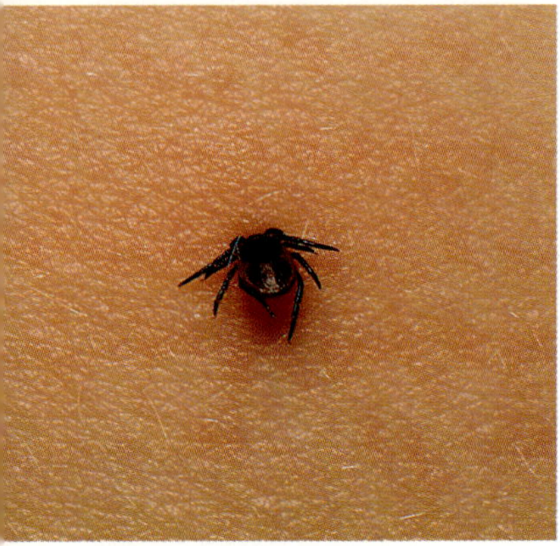

In die Haut eingebohrte Zecke

systems, chronisch-lymphozytare Meningitis, Gelenkentzündungen. **Erste Hilfe:** Nach dem Erkennen der Krankheiten nicht mehr möglich; hier sollte man vorbeugen: In den Zeiten besonderer Zeckenaktivität (Mai, Juni, September) bekannte Gefahrengebiete meiden! Nicht am Waldrand und auf Waldlichtungen rasten! Nach Spaziergängen bzw. am Abend die

Bei einer vollgesogenen Zecke bläht sich der Hinterkörper enorm auf.

Haut – besonders bei Kleinkindern – nach Zecken absuchen. Festsitzende Zecken sofort entfernen, aber vorsichtig! Am besten ist es wie bei der Entfernung eines Holzspanes oder eines Stachels zu verfahren, nämlich mit einem spitzen Gegenstand (Nadel) den Kopf des Tieres aus der Haut zu entfernen ohne dabei auf den Körper der Zecke Druck auszuüben. Denn dabei könnten z. B. im Darm der Zecke befindliche Bakterien (Überträger der Lyme-Borelliose) in den Körper des Menschen gelangen. Anschließend ist Selbstbeobachtung notwendig: Bei eventuellem Auftreten der beschriebenen Symptome einen Arzt aufsuchen.
Therapie: Zu a) Bei Frühsommer-Meningo-Enzephalitis (FSME) sind symptomatische Maßnahmen wie bei anderen Viruserkrankungen zu ergreifen. Zu b) Antibiotika (Cephalosporine, Tetracycline).
Vorbeugung: Bei Frühsommer-Meningo-Enzephalitis sind passive und aktive Immunisierung möglich.
Passive Immunisierung: Vor der Zeckenexposition 0,05 ml/kg KG FSME-Immunglobulin i. m. Nach Zeckenbiß in den ersten 3 Tagen 0,1 ml/kg KG FSME-Immunglobulin i. m.; nach dem 3. Tag 0,3 ml/kg KG; die Erkrankung wird nicht verhindert, aber der Verlauf gemildert.
Aktive Immunisierung: Mit FSME-Gewebekultur-Vaccine. Insgesamt werden 3 Impfungen empfohlen (je 1 ml FSME-Vaccine i. m.), die 2. Injektion 4–6 Wochen nach der 1. Injektion, die 3. Injektion 1 Jahr nach der 1. Injektion. Die Impfung wird gut vertragen, evtl. grippale

Symptome nach der 1. Injektion; nach der 2. Impfung sind kaum mehr Nebenreaktionen zu erwarten. Die erste Teilimpfung gewährt nach 14 Tagen einen etwa 80%igen Schutz, die zweite Impfung gewährt bereits 100%igen Schutz. Nach der 3. Teilimpfung hält die Immunität 3 Jahre an.
Bei Lyme-Borelliose ist eine vorbeugende Immunisierung nicht möglich.

Insekten

Allein in Mitteleuropa sind die Insekten mit etwa 30 000 verschiedenen Arten vertreten. Wir finden sie im und über dem Erdboden, im Wasser und in der Luft. Einige Arten haben, obwohl sie eigentlich nicht »giftig« sind, Geschichte gemacht, z. B. die Menschenlaus *(Pediculus humanus)* als Überträger des Fleckfiebers.
Viele Jahre waren wir eigentlich von diesen unangenehmen Insekten verschont; sie traten nur noch bei großen Menschenansammlungen über längere Zeit bei gleichzeitigem Nachlassen der Reinlichkeit oder auch nach großen Katastrophen auf. Erschreckenderweise sind die Läuse aber wieder auf dem »Vormarsch«; man findet sie schon wieder in Kindertagesstätten und Schulen. Von dort werden sie auf den Köpfen der Kinder sowie in deren Kleidungsstücken nach Hause getragen.
Auch der Menschenfloh *(Pulex irritans)* war in der »guten alten Zeit«, als Menschen und Ratten in enger Nachbarschaft lebten, als Überträger der Pest bekannt. Beim Bau des Panama-Kanales starben etwa 15 000 Menschen am Gelbfieber, das durch Fiebermücken (*Anopheles*-Art) – die auch in 4 Arten in Mitteleuropa weit verbreitet sind – übertragen wurde. In den Tropen hat sich ebenfalls eine *Anopheles*-Art, die Moskitos, als Überträger der Malaria einen Namen gemacht. Viel von dem Schrecken, den diese Insekten verbreiten, konnte, zumindest in unseren Breitengraden, durch moderne Wissenschaft und Medizin von uns genommen werden. So sind in diesem Büchlein auch nur 2 »Blutsauger« und einige andere mit einem Stechapparat ausgerüstete Insekten beschrieben, die juckende Quaddeln oder schmerzhafte Stiche hinterlassen, in zunehmendem Maß aber auch allergische Reaktionen auslösen.

Rückenschwimmer

Notonecta glauca

Rückenschwimmer, Notonectidae.
Merkmale: Der auch als Wasserbiene bekannte Rückenschwimmer wird etwa 15 mm lang und verdankt seinen Namen der Eigenart, mit dem Rücken nach unten zu schwimmen oder auch in dieser Art an der Unterseite des Wasserspiegels zu »hängen«. Da er leichter als das Wasser ist, kann er, wenn er mit dem Hinterleib nach

Rückenschwimmer

Wasserskorpion

oben an die Wasseroberfläche kommt, sofort aus dem Wasser zum Flug starten. Die gewölbte Rückenseite ist heller gefärbt als der Bauch. Zur Fortbewegung unter Wasser dienen die als lange Ruderbeine gestalteten, mit Schwimmhaaren besetzten Hinterbeine. Mit den Vorderbeinen wird die Beute ergriffen und gehalten und mittels Stechrüssel ausgesaugt. **Vorkommen:** Europa; in stehenden Gewässern. **Gift:** Nicht bekannte Stoffe. **Wirkung:** Schmerzhafter Stich ohne weitere Folgen. **Therapie:** Kühlende Umschläge und Pflasterschutzverband um evtl. sekundäre Infektion zu verhindern.

Wasserskorpion

Nepa cinerea

Skorpionswanzen, Nepidae. **Merkmale:** Der Wasserskorpion wird etwa 2 cm lang; sein länglich-eiförmiger, flacher Körper ist eintönig graubraun gefärbt und trägt meist noch eine Schmutzkruste am Rücken. Während die mittleren und hinteren Beine zum Laufen und Schwimmen dienen, ist das vordere Beinpaar dieses Insekts zu 2 Fangarmen umgestaltet; es fängt und hält damit seine Beute, um sie mit seinem Stechrüssel auszusaugen. Das nadelähnliche Gebilde am Hinterende des Körpers ist die Atemröhre des Wasserskorpions.

Vorkommen: Europa. Fast ausschließlich in langsam fließenden oder stehenden Gewässern, hauptsächlich in seichten Uferzonen; meist auf Beute lauernd und reglos am Boden oder an Wasserpflanzen sitzend. **Gift** bis **Therapie:** Siehe Rückenschwimmer.

Rote Raubwanze

Rhinocoris iracundus

Raubwanzen, Reduviidae. **Merkmale:** Die etwa 12 mm lange Rote Raubwanze ist rot und schwarz gezeichnet und hat, wie alle Vertreter ihrer Art, einen schmalen Kopf, der hinter den vorstehenden Augen halsartig verengt ist. Mit einem kurzen, kräftigen, abstehenden Rüssel ist diese Raubwanze in der Lage, ein Beutetier zu stechen, es zu betäuben und zu töten, um es anschließend auszusaugen. **Vorkommen:** Europa. Sitzt meist auf Blüten und lauert auf anfliegende Insekten. **Gift** bis **Therapie:** Siehe Rückenschwimmer.

Ameisen

Ameisen, Formicidae und Myrmicidae. Die systematisch zu den Hautflüglern zählenden Ameisen sind mit etwa 6000 Arten weltweit verbreitet. In Europa sind sie immerhin mit ca. 200 Arten vertreten. Die Weibchen (Königinnen und Arbeiterinnen) mancher Arten besitzen einen Stachel, der aber

Rote Raubwanze

Rote Waldameise

bei den höher entwickelten Arten nicht ausgebildet ist; hier ist meist nur noch die Giftdrüse vorhanden. Unsere heimischen, stachellosen Ameisen, z. B. die Schwarze Wegameise *(Lasius niger)* und die Rote Waldameise *(Formica rufa)*, R 3, G, verursachen durch ihren Biß nur geringe lokale Erscheinungen auf der menschlichen Haut, auch dann, wenn aus der Drüse am Hinterleib Gift (Ameisensäure) in die Bißstelle gespritzt wird. Sollten lokale Reizungen auftreten, so sind kalte Umschläge zur Behandlung ausreichend; eventuell noch die betroffenen Stellen mit Salmiakgeist einreiben.

Honigbiene

Apis mellifica G

Bienen, Apidae. **Merkmale:** Die am Körper leicht behaarte Honigbiene ist dunkelbraun gefärbt, hat glasige Flügel und am Hinterleibsende einen Giftstachel. Die etwas größeren Drohnen (männliche Tiere) haben keinen Stachel. **Vorkommen:** Weltweit verbreitet. **Gift:** Mellitin, Histamin, Phospholipase A und Hyaluronidase. **Wirkung:** Mellitin als Hauptbestandteil des Bienengiftes hat eine hämolytische Wirkung; es kann aber auch, sowohl anregend als auch lähmend, auf die Funktion des Herzens wirken. Histamin ist schmerzerzeugend und wirkt auf den Kreislauf blutdrucksenkend. Phospholipase und Hyaluronidase sind Proteine und können als Antigene wirken. Beim Menschen wird je Stich etwa 0,1 mg (Trockensubstanz) abgegeben. Etwa 5 Bienenstiche sind toxisch, bei 40 Stichen rechnet man schon mit schweren Erscheinungen, tödlich sein sollen jedoch erst über 500 Stiche. Bei überempfindlichen Personen kann aber bereits ein einzelner Stich durch eine akute anaphylaktisch-allergische Reaktion zum Tode führen! **Vergiftungserscheinungen:** Örtliche Reizerscheinungen: Brennen, Jucken, entzündliche Rötung, Anschwellung, heftiger Schmerz. Achtung! Gefahr nach Stich in den Hals bzw. Rachen (Verschlucken einer Biene oder Wespe durch Aufnahme süßer Speisen und Getränke). Eine sich dadurch schnell entwickelnde Schwellung der Schleimhaut des Kehlkopfes (Glottisödem) kann zum Ersticken führen. Beim Stich in ein Blutgefäß sind lokale Symptome meist leichter: Eine etwa handtellergroße Rötung, die schmerzhaft auf Druck reagiert und innerhalb von 2 Tagen

abklingt. Es kann aber auch eine Sofortwirkung mit allgemeinen Symptomen eintreten: Übelkeit, evtl. Erbrechen, Temperaturanstieg bis auf 39,5 °C mit Schüttelfrost, Kopfschmerzen, Verminderung der täglichen Harnausscheidung, Atemnot, beschleunigtem Puls, Blutdrucksenkung. Die übrigen allergischen Zeichen sind Juckreiz, stark juckende Quaddeln, allergisches Asthma, in schweren Fällen Kreislaufkollaps. Meist normalisiert sich das Befinden im Verlauf von 24–40 Stunden. Es besteht aber auch die Gefahr einer anaphylaktischen Reaktion: schwere Schockerscheinungen, Herzlähmung mit Tod im Lungenödem.

Erste Hilfe: Stachel entfernen; am besten mit einer Pinzette, aber unter Vermeidung jeglichen Drucks auf die noch am Stachel hängende Giftblase. Bei Massenstichen ist es empfehlenswert, die Giftblasen mit einem scharfen Rasiermesser abzuschneiden. Keinen Rasierapparat verwenden! Wegen der Gefahr einer Überempfindlichkeitsreaktion gilt auch bei Einzelstichen als Grundregel: Stichverletzte nach Möglichkeit einige Stunden nicht alleine lassen!

Als Stachel fungiert bei der Honigbiene die umgebildete Legeröhre (Foto oben). Da nach dem Stich der Stachel samt Giftblase ausreißt und in der Stichwunde verbleibt (Foto unten), stirbt die Biene nach dem Stich.

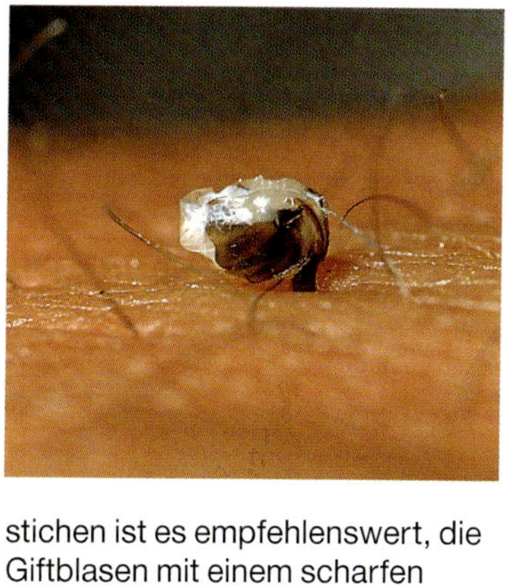

In großen Bienenstöcken, in denen Jungköniginnen heranwachsen, kann es zum »Schwärmen« kommen: Eine Königin zieht mit einem Teil des Volkes aus, um einen neuen Staat zu bilden. Oft »rasten« solche wandernden Schwärme in Obstbäumen.

Bei Stichen im Mund-Rachen-Raum oder in die Speiseröhre wenn möglich sofort schluckweise eiskalte Getränke zu sich nehmen oder, wenn vorhanden, Eis lutschen, um eine zunehmende Schwellung der Schleimhäute zu verhindern. Bei Massenstichen, schweren Allgemeinsymptomen – oder bei bekannter Überempfindlichkeit schon nach einem Stich – sofortige Inhalation von zwei Stößen eines broncholytisch wirkenden Dosier-Aerosols (z. B. Adrenalin Medihaler); dies bei Bedarf nach jeweils 3–5 Minuten wiederholen. Außerdem sofortige Einnahme von 30 Tabletten Prednison (Cortison) zu 5 mg. Bei evtl. notwendigem Krankenhaustransport ständige Überwachung des Betroffenen, da unter Umständen Beatmung und Herzmassage notwendig sein können. **Therapie:** Antidottherapie: sofortige Injektion von Orciprenalin (0,5 mg in 10 ml isotonischer NaCl-Lösung i. v.) und 1–2 Amp. Prednisolon (250 mg i. v.). Elementarhilfe: Atemhilfe; bei Larynx- oder Glottisödem Intubation. Falls diese nicht durchführbar: Nadelspickung der Trachea mit 3–5 Flügelkanülen oder notfalls Tracheotomie. Bei Bronchospasmus Bronchospasmolytika; bei Lungenödem Sauerstoff, Strophantin oder Digoxin und hypertone Glukoselösung. Kreislaufhilfe: Schockbehandlung in üblicher Weise, Flachlage und evtl. Herzmassage.

Hummeln

Bombus-Arten G

Bienen, Apidae. **Merkmale:** 12–20 mm große Tiere mit pelzig behaarten Körpern und bunten Farben. Diese Wildbienen gehören zu unseren größten, schönsten und auch nützlichsten staatenbildenden Insekten. Ein Hummelvolk kann, je nach Art, 60–500 Tiere pro Jahr hervorbringen. Die weiblichen Tiere, Königinnen und Arbeiterinnen, können zwar stechen, machen aber von ihrem Stachel nur bei Bedrohung ihres eigenen Lebens Gebrauch, z. B. wenn man auf sie tritt oder in der Hand drückt. Der im Frühjahr gegründete Staat löst sich im Herbst auf; die alte Königin, die Arbeiterinnen und die Männchen sterben. Nur die Jungköniginnen suchen sich ein geeignetes Winterquartier, um überleben zu können, und gründen im nächsten Frühjahr einen neuen Staat. Dies ist auch der Grund, warum man im Frühjahr besonders große Hummeln (Königinnen) fliegen sieht. **Vorkommen:** Hummeln sind mit etwa 400 Arten weltweit verbreitet; bei uns sind sie mit ca. 25 Arten vertreten. Sie suchen ihre Nistplätze z. B. in Mäuselöchern, unter Holzhäuschen, in Baumhöhlen oder auch in Steinhaufen. **Gift:** Serotonin, Phospholipase A, Hyaluronidase. **Wirkung:** Serotonin wirkt schmerzerzeugend und blutdrucksenkend. **Vergiftungserscheinungen** bis **Therapie:** Siehe Honigbiene.

Wespen

Polistes- und *Vespula*-Arten

Faltenwespen, Vespidae. **Merkmale:** Wespen werden 15–25 mm lang; ihr Körper ist gelb und

Helle Erdhummel *(Bombus lucorum)* beim Blütenbesuch

Wespennester auf Dachböden sind durchaus keine seltenen Erscheinungen.

Wespen, hier die Deutsche Wespe, fressen gern an Fallobst.

schwarz gezeichnet. Je nach Art gibt es bei Wespen Volksstärken von 100–200 Tieren oder auch, wie bei der Deutschen Wespe *(Vespula germanica)*, von 1000 bis zu 7000 Tieren. Einschließlich der Hornisse gibt es bei uns 8 »typische« Vertreter der staatenbildenden Wespen. Auch diese ungeliebten gelb-schwarzen Hautflügler haben ihren festen Platz in unserem Ökosystem und sind, wenn auch nicht direkt, dem Menschen nützlich. Auch bei diesen Insekten können die weiblichen Tiere stechen. Sie sind aber friedlich, greifen außerhalb ihres Nestbereiches nicht an und stechen nur zu ihrer Verteidigung; dies kann allerdings schon gegeben sein, wenn man die vermeintlichen Eindringlinge, die sich an süßen Speisen laben wollen, mit Schlägen zu vertreiben sucht. Vorsicht also, wenn man zur Sommerzeit Obstkuchen im Freien verzehrt! Gläser oder Krüge – besonders mit süßen Getränken – sollte man grundsätzlich abdecken! Wenn man nicht ausgerechnet beim Essen oder Trinken von einer Wespe im Mund-Rachen-Raum gestochen wird, ist ein solcher Stich eigentlich nur für jene Menschen gefährlich, die allergisch darauf reagieren. Auch die Völker der Wespen sterben, wie bei den Hummeln, alljährlich im Herbst ab, und nur die frisch geschlüpften jungen Königinnen überwintern und beginnen im nächsten Frühjahr mit der neuen Staatenbildung. **Vorkommen:** In vielen Arten weit verbreitet. **Gift:** Histamin, Serotonin, Wespen-Kinin, Phospholipase A, Hyaluronidase. **Wirkung** bis **Therapie:** Siehe Honigbiene. Das Entfernen des Stachels nach einem Wespenstich entfällt allerdings, da Wespen, im Gegensatz zu Bienen, genügend Muskelkraft besitzen, nach dem Stich ihren Stachel wieder herauszuziehen. Eine Wespe kann also mehrmals Stechen.

Hornisse

Vespa crabro R 3, G

Faltenwespen, Vespidae. **Merkmale:** Die Hornisse kann bis 40 mm groß werden und ist damit das größte staatenbildende Insekt unserer heimischen Tierwelt. Hornissen können im Spätsommer auf eine Volksstärke von 100–400 Arbeitstieren anwachsen. Zur Aufzucht ihrer Nachkommenschaft fangen sie Unmengen verschiedener Fliegenarten und Raupen; auch Wespen. Sonst ernähren sie sich von Nektar, Baum- und Pflanzensäften. Leider wird dieses harmlose Insekt noch immer als ein »Horrorwesen« betrachtet. Warum eigentlich? Schon seit alten Zeiten wird behauptet, daß 3 Hornissenstiche einen Menschen und 7 Stiche ein Pferd töten. Dies ist absoluter Unsinn. Weibliche Hornissen können zwar – ebenso wie Bienen und Hummeln – stechen, aber sie bleiben absolut friedfertig, wenn sie in Ruhe gelassen werden. Sollten sie im Verteidigungsfall wirklich stechen, so kann der Stich zwar etwas schmerzhafter sein als z. B. der Stich einer Biene; aber es ist mit nichts zu begründen, warum er auch gefährlicher sein sollte. Versuche haben bewiesen, daß selbst kleinere Tiere wie Mäuse oder Ratten mehrere Hornissenstiche unbeschadet überleben können. Eine Ausnahme bilden lediglich Personen, die auf Insektenstiche allergisch reagieren; hier wäre über den Hausarzt eine Hyposensibilisierung anzustreben. Auf etwas sei noch aufmerksam gemacht: Im Gegensatz zu Bienen, Wespen und Hummeln sind Hornissen auch nächtlicherweise auf Futtersuche. Bei offenem Fenster und eingeschaltetem Licht kann es schon einmal vorkommen, daß eine dieser »Riesenwespen«, angelockt durch den Lichtschein, im Zimmer umherfliegt. Schalten Sie einfach das Licht aus; die Hornisse kann sich wieder orientieren und wegfliegen. Ab Anfang bis

Die Hornisse ist unsere größte Wespe.

Ende Oktober gehen die Hornissenvölker ein. Nur die jungen Königinnen überleben und suchen sich, wie Hummeln und Wespen, ein sicheres Winterquartier, um dann im Frühjahr einen neuen Staat zu gründen. **Vorkommen:** Verbreitet vorkommend, verhältnismäßig selten. Sie nisten in den Höhlen großer Laubbäume oder auch, wo diese natürlichen Lebensräume nicht mehr vorhanden sind, auf Dachböden, in Vogelnistkästen und in leeren Bienenwohnungen. **Gift:** Histamin, Serotonin, Acetylcholin, Hornissen-Kinin, Phospholipase A, Phospholipase B. **Wirkung:** Stiche mehrerer Hornissen können bei Kindern durch Herz- und Atemlähmung tödlich wirken. Sonst **Wirkung** bis **Therapie:** Siehe Honigbiene.

Regenbremse

Haematopoda pluvialis

Bremsen, Tabanidae. **Merkmale:** Die Regenbremse ist eine kleine, etwa 10 mm lange, graue bis schwarzgraue, unscheinbare Fliege mit marmorierten Flügeln. Ein besonderes Merkmal der Bremsen sind die großen Komplexaugen, die beim männlichen Tier in der Mitte zusammenstoßen, beim Weibchen jedoch durch eine schmale Stirn voneinander getrennt sind. Die bunte Augenfärbung dieser Insekten dient oft zum Bestimmen der Art. Die Mundwerkzeuge der Weibchen sind zu einem Stechrüssel geformt, mit dem sie in der Lage sind, die Haut

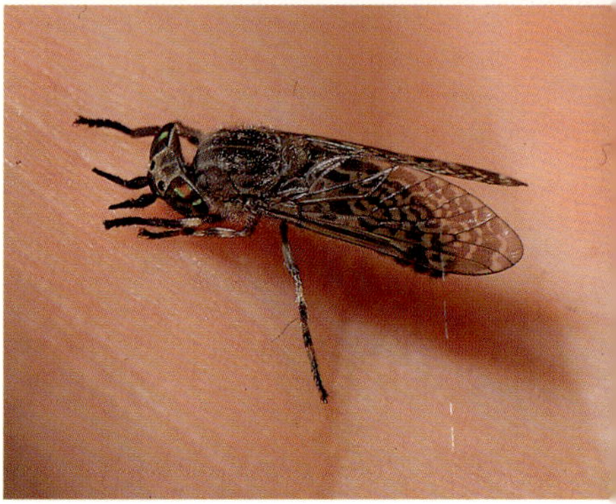

Regenbremse

des Menschen zu durchdringen und Blut zu saugen. Die männlichen Tiere begnügen sich mit Pflanzensäften. **Vorkommen:** Gesamteuropa; in den Sommermonaten weit verbreitet. In feuchtem Gelände, an Seen und Flüssen treten die Bremsen besonders an heißen und schwülen Tagen massenhaft auf. **Gift:** Ein die Blutgerinnung verhindernder Stoff im Speichel. **Wirkung:** Meist juckende Beulen an den Einstichstellen. **Therapie:** Alkoholumschläge, evtl. Pflasterschutzverband, um Infektionen zu verhindern.

Stechmücke

Culex pipiens

Stechmücken, Culicidae. **Merkmale:** 8–10 mm lang wird die Stechmücke. Der schlanke Körper ist unscheinbar gefärbt, die Beine sind lang und dünn. Während die Männchen Pflanzensäfte als Nahrung aufnehmen, saugen die Weibchen Blut; dieses ist zur

Entwicklung der Eier notwendig. Dringt der Stechrüssel eines Mükkenweibchens in die menschliche Haut ein, so fließt gleichzeitig ein scharfes, blutgerinnungshemmendes Sekret in die Wunde. Wird das Insekt bei diesem Vorgang erschreckt, so gibt es wesentlich mehr von diesem Sekret ab und flüchtet im »Alarmstart«, manchmal unter Zurücklassen seines Saugrüssels. **Vorkommen:** Gesamteuropa. Hauptsächlich in der Nähe von Gewässern können Stechmücken zur Plage werden; sie fliegen im Sommer morgens und am Abend, bei bedecktem Himmel auch tagsüber. **Gift:** Blutgerinnungshemmende Stoffe. **Wirkung:** Nach kaum merklichem Stich treten meist Quaddeln auf, die stark jucken. Dieser unangenehme Juckreiz kann tagelang anhalten. **Therapie:** Gründliche Reinigung der betroffenen Stellen, Umschläge mit Alkohol, Pflasterschutzverband zur Verhinderung von Infektionen, die durch Kratzen an der Einstichstelle auftreten können.

Neben den Stechmücken, die in einer ganzen Reihe von Arten in Mitteleuropa vorkommen, gibt es auch »Blutsauger« in anderen

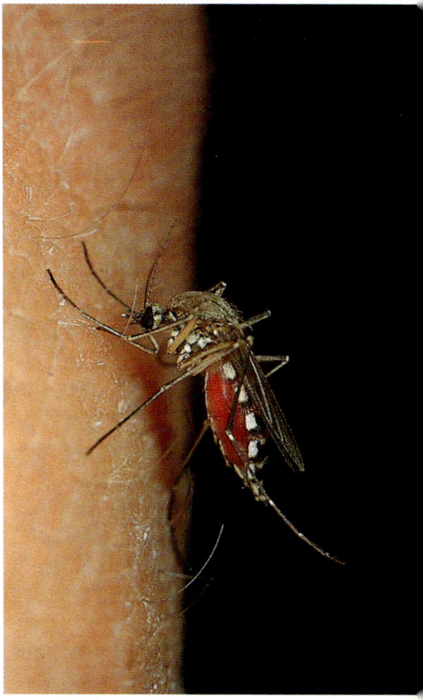

Stechmücke beim Blutsaugen

Mückenfamilien, die gelegentlich dem Menschen lästig werden. Erwähnt seien hier die Kriebelmükken (Simuliidae) mit deutlich aufgewölbtem Brustabschnitt und die sehr kleinen Gnitzen (Ceratopogonidae), deren Stichstellen oft tagelang gerötet sind und jucken.

Amphibien

Feuersalamander

Salamandra salamandra G

Salamander, Salamandridae. **Merkmale:** Bis 20 cm (in Südeuropa bis 28 cm) lang, schwarz, mit grellgelben bis orangefarbenen unregelmäßigen Flecken gezeichnet. Ein sich nur sehr langsam fortbewegendes, plumpes Tier mit verhältnismäßig breitem Kopf. Die glatte, glänzende Haut ist mit Drüsenporen ausgestattet. **Vorkommen:** In Mittel- und Südeuropa weit verbreitet, teilweise jedoch in andere Rassen übergehend, die etwas kleiner sind, die farbliche Unterschiede aufweisen oder solche, bei denen die Zeichnung der gelben Flecken in Längsbändern zusammenfließt. In anderen Rassen auch auf der Iberischen Halbinsel und auf Korsika vorkommend. Selten im Flachland, überwiegend in schattigen Waldungen der Hügel- und Bergländer; in den Alpen bis etwa 1000 m Höhe. Oft in der Nähe von Quellwässern und Bächen. **Gift:** Im Hautsekret der Tiere wurden mehrere Alkaloide gefunden, unter ihnen das Hauptalkaloid Samandarin (Steroidalkaloid) auch Samandaron und Samandaridin. **Wirkung:** Samandarin ist ein Krampfgift; es wirkt auf das Zentralnervensystem, hat aber auch eine blutdrucksteigernde und lokalanästhetische Wirkung. Äußerlich wirkt es stark reizend auf die Schleimhäute. **Vergiftungserscheinungen:** Können nur auftreten, wenn man sich nach dem Anfassen eines Tieres nicht die Hände wäscht. Vor dem Händewaschen kann z. B. durch un-

Die Hautsekrete des Feuersalamanders sind giftig.

Der Alpensalamander wird auch »Bergmandl« genannt.

beabsichtigtes Reiben der Augen eine mehr oder weniger starke Entzündung auftreten. In diesem Fall ist eine Spülung der Augen mit klarem Wasser ausreichend.

Alpensalamander

Salamandra atra G

Salamander, Salamandridae.
Merkmale: Der Alpensalamander oder »Bergmandl« ist schlanker als der Feuersalamander und erreicht nur eine Länge von höchstens 16 cm. Das sich gemächlich fortbewegende Tier ist glänzend schwarz. In der Ohrgegend hat der Alpensalamander je eine große Drüse und an den Rumpfseiten deutlich sichtbare Querfurchen und stark hervortretende Warzen.
Vorkommen: Nur in den Alpen und im Hochgebirge des westlichen Balkan bis zu einer Höhe von über 3000 m. Er ist völlig unabhängig von Gewässern und kommt in feuchten Wäldern, aber auch noch oberhalb der Waldgrenze, in der Krummholzzone und auf Matten vor. **Gift** bis **Vergiftungserscheinungen:** Siehe Feuersalamander.

Gelbbauchunke

Bombina variegata R 2, G

Scheibenzüngler, Discoglossidae.
Merkmale: Die Gelbbauch- oder Bergunke mit ihrer ziemlich gedrungenen Körperform wird etwa 5 cm groß. Auf der olivgrauen bis graubraunen Oberseite befinden sich zahlreiche kleine Warzen. Auf der blaugrauen Bauchseite sind große, leuchtendgelbe Flekken. Im Gegensatz zur Rotbauchunke hat das Männchen der Gelbbauchunke keine Schallblasen. Bei den Unken werden sogenannte Schreckstellungen beobachtet. Sie werfen sich dabei auf den

Die Gelbbauchunke ist hervorragend getarnt (oben). In Schreckstellung (unten) präsentiert sie ihre auffällige Unterseite.

Rücken und krampfen ihre Extremitäten nach hinten, so daß dem vermeintlichen Gegner der gewölbte Bauch mit den Warnfarben dargeboten wird. **Vorkommen:** Frankreich, Belgien, Holland, West- und Süddeutschland. Alpenländer bis zu den Karpaten und den nördlichen Balkanländern.

Im allgemeinen in hügeligen und gebirgigen Gegenden bis über 1500 m Höhe. Nur im Wasser zu finden, auch schon in Pfützen und Fahrrinnen. **Gift:** Ein durch die Hautdrüsen abgesondertes giftiges Sekret. **Wirkung:** Stark reizend auf die Schleimhäute von Augen, Nase und Mund. **Vergiftungserscheinungen:** Treten nicht auf, wenn man sich nach dem Anfassen der Tiere die Hände wäscht. Gerade bei Unken wurde beobachtet, daß sie, wenn sie verängstigt sind, soviel Sekret aus den Drüsen absondern können, daß es seifenschaumähnlich sichtbar wird und nach Lauch riecht. Dieses Sekret, an die Augen oder in die Nase gebracht, kann ein sehr unangenehmes Brennen verursachen. **Therapie:** Bei stärkerer Reizung lokale Anwendung von Corticosteroiden.

Rotbauchunke

Bombina bombina R 2, G

Scheibenzüngler, Discoglossidae. **Merkmale:** Die Rotbauch- oder Tieflandunke hat eine mäßig schlanke Körperform und wird bis 5 cm groß. Ihre Oberseite ist schwarzgrau mit dunkleren Flekken und zahlreichen kleinen, rundlichen Warzen. Die Bauchseite ist bläulich-schwarz, mit großen mennigroten Flecken und weißen Punkten. Die Unkenmännchen haben zwei innere Schallblasen. **Vorkommen:** In Deutschland nur im Norden, und zwar von der Weser nach dem Osten und nach

Dänemark. Im Süden vom östlichen Österreich und Ungarn, sowie dem nördlichen Jugoslawien bis Rumänien und Bulgarien. In den Tiefländern in Altwässern, Teichen und Gräben. **Gift** bis **Therapie:** Siehe Gelbbauchunke.

Wechselkröte

Bufo viridis R3, G

Kröten, Bufonidae. **Merkmale:** Die Wechselkröte wird bis 9 cm groß. Die Oberseite ist hellgrau bis olivfarben mit grünlichen Flecken und rötlichen Warzen. Diese Art ist mit den langen Hinterbeinen in der Lage, verhältnismäßig schnell zu hüpfen. **Vorkommen:** Mittel- und Südeuropa. Im Norden bis Dänemark; fehlt in Großbritannien, Belgien, Holland und auf der Pyrenäenhalbinsel. In Bezug auf Aufenthaltsorte wenig anspruchsvoll, sehr widerstandsfähig gegen Trokkenheit und Salzgehalt des Wassers. **Gift:** Bufotenidin und Bufoviridin. **Wirkung:** Gefäßerregend, blutdrucksteigernd und schleimhautreizend. Keine Gefahr! Hände waschen!

Erdkröte

Bufo bufo G

Kröten, Bufonidae. **Merkmale:** Die Erdkröte ist ein plumpes Tier mit gedrungener Körperform und breitem, abgerundetem Kopf. Die mit großen, dicht beieinanderstehenden Warzen bedeckte Oberseite

Die Wechselkröte ist wie alle Amphibien geschützt.

Erdkröten besuchen im Frühjahr Gewässer zur Paarung und Eiablage.

kann grau-, rot- oder schwarzbraun, auch schmutziggrün sein und ist zuweilen dunkel gefleckt. Beiderseits über der Ohrgegend befindet sich eine große, halbmondförmige Drüse. Die Männchen werden 8 cm, die Weibchen 13 cm groß. **Vorkommen:** Mittel- und Nordeuropa, im Süden durch andere Rassen vertreten. Die Erdkröte kommt in Waldungen, Gebüschen, Gärten und Höhlen, auch in Kellerräumen und altem Mauerwerk vor. **Gift:** Bufotoxin, Bufotalin, Bufotenin. **Wirkung:** Das Drüsensekret ist ätzend und reizt die Schleimhäute von Mund und Nase. Nach dem Anfassen dieser Tiere die Hände waschen! Sollte bei Kindern eine Haut- oder Schleimhautreizung vorkommen, dann reichlich mit Wasser spülen.

Laubfrosch

Laubfrosch

Hyla arborea R 2, G

Laubfrösche, Hylidae. **Merkmale:** Leuchtend grüner, bis 5 cm großer Frosch mit glatter Oberseite. Durch Farbwechsel kann der Laubfrosch auch grau oder braun werden. Mittels kleiner Haftscheiben an den Fingern und Zehen klettert er hoch ins Gebüsch und auf Bäume. Beim Männchen wird beim Quaken die Kehlschallblase kugelig aufgetrieben. **Vorkommen:** Mittel- und Südeuropa. Auf feuchten Wiesen, in Sümpfen, an Waldrändern und in Gärten. **Gift:** Ein hämolytisch wirkendes Peptid von noch unbekannter Struktur. **Wirkung:** Für den Menschen nicht gefährlich, trotzdem nach Berührung die Hände waschen.

Reptilien (Schlangen)

Kreuzotter

Vipera berus R 2, G

Ottern, Viperidae. **Merkmale:** Während die Männchen kaum länger als 60 cm werden, kann das Weibchen eine Länge von über 80 cm erreichen. Der Kopf ist wenig abgesetzt, der Körper wirkt gedrungen. Die Männchen sind silber-, asch- oder braungrau mit schwarzem Zickzackband. Die Weibchen tragen ein dunkelbraunes Rückenband auf gelb- oder rotbrauner Grundfärbung. Relativ häufig findet man ganz schwarze Tiere, sogenannte Höllenottern (Foto S. 114), selten dagegen Kupferottern (Foto S. 115), wunderschöne, kupferfarbene Kreuzottern mit kaum kennbarer Rückenzeichnung. Giftzähne wie bei der Sandviper (s. S. 116). **Vorkommen:** Nord- und Mitteleuropa, sowohl im Flachland als auch im Gebirge (bis 3000 m). Im Moor, auf Heideflächen, Waldlichtungen und Waldrändern. **Gift:** Hämorrhagische Faktoren, Phospholipase, Koagulationsbeschleuniger und -hemmer. **Wirkung:** Hämolytische und gewebezerstörende Reaktionen,

Kreuzotter, Weibchen

Männliche Kreuzottern sind im Gegensatz zu den rotbraunen Weibchen mehr silber oder aschgrau gefärbt und kleiner. Typisch gezeichnete Tiere besitzen auf dem Rücken ein dunkles Zickzackband.

Blutgerinnungsschäden und Gefäßschäden. **Vergiftungserscheinungen:** Biß schmerzhaft; die beiden Einstiche der Giftzähne liegen etwa 1 cm auseinander. Lokale Nekrose, Schwellung und blaurote Verfärbung treten auf. Die Schmerzen gehen in ein Jucken über und klingen im Verlauf von 8–10 Tagen ab. Es kann zur Lymphgefäß- und Lymphknotenentzündung kommen, meist im Zusammenhang mit allgemeinen Symptomen: Schwindel, Kopfschmerzen, Übelkeit, Erbrechen, Durchfälle, Schleimhautblutungen, schneller fadenförmiger Puls, Blutdrucksenkung (evtl. bis zum tödlichen Kollaps) und Atemlähmung. Komplikationen durch Hämolyse, Lähmungserscheinungen und Schädigung des Herzens sind möglich. Als gefährlich gelten Bisse im Gesicht, am Hals und am Rücken, besonders bei Kindern. Bißunfälle sind selten; weniger als 1% sind tödlich, etwa 50% ohne

Die schwarze Form der Kreuzotter wird auch Höllenotter genannt.

Eine seltene Form der Kreuzotter ist die Kupferotter.

Symptome! **Erste Hilfe:** Sofort herzwärts der Bißstelle abbinden, aber so, daß nur eine venöse Stauung eintritt, der Puls also noch fühlbar bleibt. Nach Möglichkeit sollte diese venöse Stauung nicht länger als 1 Stunde dauern, wobei man aber nach jeweils 20 Minuten für 1 Minute lockern sollte. Wenn möglich Eiswasserbehandlung, d. h. gebissene Extremitäten in Leitungswasser mit Eisstückchen tauchen, bis die Schmerzen verschwunden sind. Ein Ausschneiden der Wunde durch Laien ist nicht ratsam. Absolute Ruhigstellung der betroffenen Extremitäten (notfalls schienen) und flache Lagerung. Kaffee und Tee als Kreislaufstütze sind angebracht. Sorgfältiger Transport zum Arzt oder in die nächste Klinik. **Therapie:** Man bezweifelt heute die generelle Notwendigkeit einer Serumgabe, da die Gefahr der Serumreaktion höher eingeschätzt wird als die des Bisses. Wenn bei vitaler Indikation erforderlich, dann Europaserum (10–50 ml per infusione) nach üblicher Testung auf Allergie. Kinder benötigen die gleiche Dosis wie Erwachsene! Corticosteroide i. v. oder i. m. (2–3 mg/kg). Patient beruhigen; evtl. Kreislauf- und Atemhilfe. Prophylaktisch: Aktive und passive Tetanusprophylaxe, Antibiotika; Alkoholverbot!

Wiesenotter

Vipera ursinii G

Ottern, Viperidae. **Merkmale:** Die Wiesen- oder Spitzkopfotter erreicht eine Länge von höchstens 50 cm. Der Körper ist mäßig schlank, der Kopf eiförmig und kaum vom Hals abgesetzt. Der hellgraue oder hellbraune Rücken weist in der Mitte ein dunkles Zickzackband auf; an den Flanken meist eine undeutliche Flecken-

Wiesen- oder Spitzkopfotter

reihe. **Vorkommen:** Vom südlichen Europa zum mittleren Asien. In Europa nur stellenweise in Südfrankreich, Mittelitalien, Niederösterreich und den Balkanländern. **Gift** bis **Therapie:** Siehe Kreuzotter.

Sandviper

Vipera ammodytes G

Ottern, Viperidae. **Merkmale:** Die Sandviper oder Hornotter ist die größte und gefährlichste Giftschlange des europäischen Raumes. Das Weibchen kann bis 90 cm lang werden, das Männchen ist etwas kleiner. Der Körper ist gedrungen. Deutlich vom Hals abgesetzt ist der breite, dreieckige Kopf. Als unverwechselbares Kennzeichen hat diese Vipernart auf der Schnauzenspitze ein weiches, beschupptes, hornähnliches Gebilde, das sonst keine andere europäische Viper oder Natter aufweist. Die Rückenfärbung des Männchens ist meist grau oder graubraun mit einem sehr dunklen, manchmal auch schwarzen, welligen Zickzackband. Beim Weibchen, das mehr bräunlich ist, hebt sich das Zickzackband weniger deutlich von der Grundfarbe ab. Die Unterseite ist auf schmutziggelblichem Grund dunkelgrau getüpfelt. Diese lebendgebärende Viper ernährt sich von Mäusen, Maulwürfen, kleinen Vögeln und Eidechsen. Die Beutetiere werden vor dem Verschlingen durch einen Biß getötet. Die europäischen Vipern haben rechts und links am Oberkiefer je einen funktionierenden, röhrenförmigen Giftzahn, der in Verbindung mit einer Giftdrüse steht. **Vorkommen:** In südosteuropäischen Ländern; im Nordwesten bis Venetien, Südtirol und Kärnten vorkommend. **Gift:** Neurotoxin; hämorrhagische Faktoren; proteolytische Enzyme, Phospholipase, Hyluronidase. Tödliche Vergiftungen können vorkommen, besonders dann, wenn beim Biß ein Blutgefäß getroffen wird. **Wirkung:** Lähmend auf Atemzentrum, hämolytische und gewebszerstörende Reaktionen, Blutgerinnungsstörungen und Gefäßschäden. **Vergiftungserscheinungen:** Nach dem nicht sehr schmerzhaften Biß sieht man zunächst die beiden Einstiche der Giftzähne, die etwa 6 mm auseinander liegen und meist bluten. Bald treten Schmerzen auf. Während der Gebissene erblaßt, wird der betroffene Körperteil rot und

Die Sandviper oder Hornotter ist die gefährlichste Giftschlange Europas.

schwillt an. Häufig bilden sich von der Bißstelle aus rote Ausläufer. In den schweren Fällen schwellen die Lymphknoten an und der Allgemeinzustand des Betroffenen verschlechtert sich: Angstzustände, beschleunigter Puls, kurzer schneller Atem, Kollaps. Nach einigen Stunden bilden sich rings um die Bißstelle rötlich-blaue bis dunkelviolette Flecken (Blutaustritt im Gewebe). Ohne Behandlung wird das Gewebe nekrotisch, was den Verlust des betroffenen Gliedes zur Folge haben kann. Wird beim Biß ein Blutgefäß getroffen, so kann der Tod durch Lähmung des Atemzentrums oder durch ein Hirnödem eintreten. **Erste Hilfe** und **Therapie:** Siehe Kreuzotter.

Aspisviper

Vipera aspis R 1, G

Ottern, Viperidae. **Merkmale:** Auch bei der Aspisviper ist das Weibchen größer und kann eine Länge von 75 cm erreichen. Der gedrungene Körper hat einen breiten, dreieckigen Kopf, der vom Hals wenig abgesetzt ist. Als Besonderheit ist die Schnauzenspitze deutlich nach vorn aufgestülpt. Man findet bei der Aspisviper sowohl graue als auch hellbraune oder rotbraune Tiere mit dunkler, fast schwarzer Zeichnung. Die Rückenzeichnung besteht aus Längsreihen zueinander versetzter Querbänder, oder aus rechteckigen Flecken, die teilweise in einem Zickzackband, das

Die Aspisviper ist in Südwesteuropa verbreitet.

aber abgerundete Ecken hat, verschmelzen können. Giftzähne wie bei Sandviper. **Vorkommen:** In den Pyrenäen wurde sie noch über 2400 m Höhe gefunden; in Frankreich, in der Schweiz und auf der Apenninhalbinsel. **Gift** und **Wirkung:** Siehe Kreuzotter. Der Vergiftungsverlauf nach dem Biß ist im allgemeinen schwerer als nach einem Kreuzotternbiß. **Vergiftungserscheinungen:** Die Hämorrhagie an der Bißstelle erfaßt einen größeren Bereich und geht innerhalb weniger Stunden in eine Nekrose über. Erbrechen und Schwindelgefühl, Temperaturerhöhung und schwacher Puls sind die Folgeerscheinungen. In schweren Fällen wurden auch Nierenstörungen und Leberschäden beobachtet. **Erste Hilfe** und **Therapie:** Siehe Kreuzotter.

Andere Giftschlangen

Erwähnt seien folgende – ebenfalls geschützte – in Europa verbreitete Giftschlangen: Auf der Pyrenäenhalbinsel und im nördlichen Afrika lebt die Stülpnasenotter *(V. latastei)*. Die Pyrenäen-Otter *(V. seoanei)* kommt vom nördlichen Portugal und dem nordwestlichen Spanien bis zum äußersten Südwesten Frankreichs vor. Vom südlichen Europa bis zum westlichen Asien reicht das Verbreitungsgebiet der Levante-Otter *(V. lebetina)*. Auf den Sporaden und in der europäischen Türkei kann man die Bergotter *(V. xanthina)* finden und am Ostufer des Schwarzen Meeres und im westlichen Kaukasien die Kaukasus-Otter *(V. kaznakovi)*. Gegen Bisse aller aufgeführten Schlangen gibt es ein »Europaserum«. **Erste Hilfe** und **Therapie:** s. Kreuzotter.

Anhang

Foto-Übersicht der giftigen und eßbaren Früchte

In der folgenden Übersicht werden alle im Buch behandelten giftigen Früchte abgebildet. Zum Vergleich und um Verwechslungen vorzubeugen, wurden nicht giftige Vertreter dazugestellt. Die Früchte wurden entsprechend Form und Farbe so angeordnet, daß ähnlich aussehende Früchte beieinanderstehen. Unter jedem Foto findet man den Artnamen mit Verweis, auf welcher Seite des Buches die Art ausführlich behandelt wird. »Nicht giftige« Arten werden im Buch nicht näher besprochen.

Sadebaum, S. 14

Wacholder, nicht giftig

Blaue Heckenkirsche, S. 54

Schlehdorn, nicht giftig

Zwerg-Holunder, S. 49

Schwarzer Holunder, S. 48

Trauben-Kirsche, nicht giftig

Roter Hartriegel, nicht giftig

Christophskraut, S. 16

Liguster, S. 55

Felsenbirne, nicht giftig

Efeu, S. 31

Faulbaum, S. 40

Schwarze Heckenkirsche, S. 55

Kreuzdorn, S. 41

Brombeere, nicht giftig

Schwarzer Nachtschatten, S. 61

Vielblütige Weißwurz, S. 72

Heidelbeere, nicht giftig

Wohlriechende Weißwurz, S. 73

Einbeere, S. 76

Tollkirsche, S. 56

Aronstab, S. 80

Drachenwurz, S. 78

Erdbeere, nicht giftig

Himbeere, nicht giftig

Preiselbeere, nicht giftig

Rote Johannisbeere, nicht giftig

Kornelkirsche, nicht giftig

Bittersüßer Nachtschatten, S. 59

Vogel-Kirsche, nicht giftig

Alpen-Heckenkirsche, S. 54

Hunds-Rose, nicht giftig

Eibe, S. 13

Berberitze, nicht giftig

Eingriffeliger Weißdorn, nicht giftig

Gewöhnlicher Seidelbast, S. 45

Gewöhnliche Heckenkirsche, S. 53

Wohlriechendes Geißblatt, S. 55

Wald-Geißblatt, S. 55

Gewöhnlicher Schneeball, S. 51

Wolliger Schneeball, S. 50

Eberesche, S. 23

Trauben-Holunder, S. 50

Mehlbeere, nicht giftig

Sanddorn, nicht giftig

Zweiblättrige Schattenblume, S. 75

Rotbeerige Zaunrübe, S. 46

Quirlblättrige Weißwurz, S. 73

Maiglöckchen, S. 73

Stechpalme, S. 37

Pfaffenhütchen, S. 38

Mistel, S. 41

Schneebeere, S. 52

Goldregen, S. 24

Feuerbohne, S. 28

Eßkastanie, nicht giftig

Roßkastanie, S. 30

Ungiftige Bäume und Sträucher zur Bepflanzung

Die Übersicht nennt wissenschaftlichen Namen, deutschen Namen und Wuchsform. Sie soll Hilfestellung bei der Bepflanzung von Anlagen, insbesondere in Kindergärten und Schulen, oder des eigenen Gartens geben. Einheimische Gehölze wurden besonders gekennzeichnet, da ihnen aus ökologischen Gründen (z. B. Nahrung und/oder Lebensraum für Insekten und Vögel) der Vorzug zu geben ist. Da eine nahezu unübersehbare Vielfalt an Arten und Sorten im Handel erhältlich ist, kann die Aufstellung nicht vollständig sein, sondern soll lediglich Anregungen vermitteln.
Die Liste wurde erstellt von Prof. Dr. Max von Clarmann, Toxikologische Abteilung der II. Medizinischen Klinik rechts der Isar der TU München, dem an dieser Stelle für die Bereitstellung der Daten gedankt sei.

wissenschaftl. Name	deutscher Name	Wuchsform, Bemerkungen einheimisch durch ● gekennzeichnet
Abies concolor	Colorado-Tanne	Nadelbaum, Freistand
Abies homolepis	Nikko-Tanne	Nadelbaum, Freistand
Acer campestre	Feld-Ahorn	Baum, Freistand; Hecke, geschnitten ●
Acer ginnala	Mandschurischer Ahorn	Strauch, Freistand
Acer negundo	Eschen-Ahorn	Baum, Freistand
Acer platanoides	Spitz-Ahorn	Baum, Freistand ●
Acer pseudoplatanus	Berg-Ahorn	Baum, Freistand ●
Acer sacharinum	Silber-Ahorn	Baum, Freistand
Actinidia arguta	Scharfzähniger Strahlengriffel	Schling-, Kletter- und Rankgehölz; nur männliche Pflanzen
Aesculus carnea	Rotblühende Roßkastanie	Baum, Freistand; keine Früchte
Aesculus carnea 'Briotii'	Briots Rotblühende Roßkastanie	Baum, Freistand; keine Früchte
Alnus glutinosa	Schwarz-Erle	Baum, Freistand ●
Alnus incana	Grau-Erle	Baum, Freistand ●
Amelanchier canadensis	Felsenbirne	Deck- und Blütenstrauch
Berberis thunbergii	Berberitze	Deck- und Blütenstrauch

wissenschaftl. Name	deutscher Name	Wuchsform, Bemerkungen einheimisch durch ● gekennzeichnet
Betula pendula (= B. verrucosa)	Hänge-Birke, Weiß-Birke	Baum, Freistand ●
Bilderdykia aubertii	Chinesischer Schlingen-knöterich	Schling-, Kletter- und Rankgehölz
Buddleia davidii	Sommerflieder	Deck- und Blütenstrauch
Carpinus betulus	Hainbuche, Weißbuche	Baum, Freistand ●
Cornus alba	Hartriegel	Deck- und Blütenstrauch
Corylus avellana	Haselnuß	Deck- und Blütenstrauch ●
Crataegus laevigata	Zweigriffeliger Weißdorn	Hecke, geschnitten; nur als geschnittene Hecke ●
Crataegus laevigata 'Paulii'	Rotdorn	Baum, Freistand
Crataegus laevigata 'Rubra Plena'	Gefülltblühender Rotdorn	Baum, Freistand
Crataegus monogyna	Eingriffeliger Weißdorn	Hecke, geschnitten; Deck- und Blütenstrauch; nur als geschnittene Hecke ●
Deutzia gracilis	Zierliche Deutzie	Strauch, Freistand; Hecke, freiwachsend
Deutzia rosea		Strauch, Freistand; Hecke, freiwachsend
Deutzia scabra	Rauhblätterige Deutzie	Strauch, Freistand; Hecke, freiwachsend
Elaeagnus angustifolia	Ölweide	Deck- und Blütenstrauch
Forsythia intemedia	Forsythie	Deck- und Blütenstrauch; Hecke, freiwachsend
Fraxinus excelsior	Gewöhnliche Esche	Baum, Freistand; rein männliche Exemplare pflanzen ●
Fraxinus ornus	Manna- oder Blumen-Esche	Baum, Freistand
Hippophae rhamnoides	Sanddorn	Strauch, Freistand; Hecke freiwachsend; nur männliche Pflanzen ●

wissenschaftl. Name	deutscher Name	Wuchsform, Bemerkungen einheimisch durch ● gekennzeichnet
Holodiscus discolor	Scheinspiere, Schaumspiere	Strauch, Freistand
Kerria japonica 'Pleniflora'	Gefülltblühende Kerrie, Goldröschen	Strauch, Freistand; Hecke, freiwachsend
Larix decidua	Europäische Lärche	Nadelbaum, Freistand ●
Larix kaempferi	Japanische Lärche	Nadelbaum, Freistand
Philadelphus-Hybriden	Pfeifenstrauch, Falscher Jasmin	Strauch, Freistand; Hecke, freiwachsend; nur gefüllte, nicht fruchttragende Sorten
Picea abies	Gewöhnliche Fichte oder Rot-Fichte, Rottanne	Nadelbaum, Freistand; Hecke, geschnitten ●
Picea glauca	Schimmel-Fichte, Kanadische Fichte	Nadelbaum, Freistand; Hecke, geschnitten
Picea omorika	Serbische Fichte	Nadelbaum, Freistand
Picea pungens	Stech-Fichte	Nadelbaum, Freistand; Hecke, geschnitten
Picea sitchensis	Sitka-Fichte	Nadelbaum, Freistand; Hecke, geschnitten
Pinus mugo	Berg- oder Krummholz-Kiefer	Nadelbaumgehölz; Hecke, freiwachsend ●
Pinus nigra	Schwarz-Kiefer	Nadelbaum, Freistand ●
Pinus peuce	Rumelische Kiefer	Nadelbaum, Freistand
Pinus sylvestris	Wald-Kiefer	Nadelbaum ●
Pinus strobus	Weymouths-Kiefer	Nadelbaum, Freistand
Platanus acerifolia	Platane	Baum
Populus berolinensis	Berliner Pappel	Baum, Freistand
Populus canescens	Grau-Pappel	Baum, Freistand ●

wissenschaftl. Name	deutscher Name	Wuchsform, Bemerkungen einheimisch durch ● gekennzeichnet
Populus nigra 'Italica'	Pyramiden- oder Säulenpappel	Baum, Freistand; nur männliche Exemplare
Populus-canadensis-Hybriden, z. B. 'Robusta' und 'Bachelieri'		Baum, Freistand
Potentilla fruticosa	Fingerstrauch, Strauch-Fingerkraut	Strauch, Freistand; Hecke, freiwachsend; Deck- und Blütenstrauch
Prunus serrulata	Japanische Blütenkirsche	Baum, Freistand; nur gefülltblühende Japanische Zierkirschen-Sorten
Prunus subhirtella 'Autumnalis'	Herbst-Bergkirsche	Strauch, Freistand
Prunus triloba	Mandelbäumchen	Strauch, Freistand
Pseudotsuga menziesii	Douglasie	Nadelbaum, Freistand
Salix purpurea	Purpur-Weide	Hecke, freiwachsend ●
Sorbaria sorbifolia	Gewöhnliche Fiederspiere	Hecke, freiwachsend oder geschnitten
Spiraea vanhouttei	Vanhouttes Spierstrauch	Hecke, freiwachsend oder geschnitten; Deck und Blütenstrauch
Spiraea albiflora	Weißer Spierstrauch	Hecke, freiwachsend oder geschnitten
Spiraea arguta	Spitzzähniger Spierstrauch	Hecke, freiwachsend oder geschnitten; Deck- und Blütenstrauch
Spiraea billiardii 'Triumphans'	Billiards Spierstrauch	Hecke, freiwachsend
Spiraea bumalda 'Anthony Waterer'	Niedriger Spierstrauch	Hecke, freiwachsend; Deck- und Heckenstrauch
Spiraea thunbergii	Thunbergs Spierstrauch	Hecke, freiwachsend
Stephanandra incisa	Fiederschnittige Kranzspiere	Hecke, freiwachsend
Stephanandra tanakae	Tanaka-Kranzspiere	Hecke, freiwachsend

wissenschaftl. Name	deutscher Name	Wuchsform, Bemerkungen einheimisch durch ● gekennzeichnet
Syringa vulgaris	Gewöhnlicher Flieder (in Sorten)	Hecke, freiwachsend oder geschnitten
Tilia cordata	Winter-Linde	Baum, Freistand ●
Tilia euchlora	Krim-Linde	Baum, Freistand
Tilia platyphyllos	Sommer-Linde	Baum, Freistand ●
Tilia tomentosa	Silber-Linde	Baum, Freistand
Tilia vulgaris	Holländische Linde	Baum, Freistand
Ulmus glabra	Bergrüster oder Berg-Ulme	Baum, Freistand ●
Ulmus hollandica	Holländischer Rüster oder Ulme (in Sorten)	Baum, Freistand
Ulmus minor	Feldrüster oder Feld-Ulme	Baum, Freistand ●

Medizinische Fachausdrücke

Abort: Fehlgeburt.
Abortivum: Abtreibemittel zur Herbeiführung von Fehlgeburten in strafbarer Absicht.
anaphylaktisch: Anaphylaxie; Sonderform der Allergie; Überempfindlichkeit aufgrund einer Antigen-Antikörper-Reaktion.
Angina pectoris: »Engbrüstigkeit«; Anfälle von heftigen Schmerzen in der linken Brustseite, die in Bauch, linke Halsseite oder linken Arm ausstrahlen; oft mit Todesangst verbunden.
Arrhythmie: unregelmäßige Herzschlagfolge.
Ataxie: Störung der Bewegungskoordination, des geordneten Zusammenwirkens von Muskelgruppen.
Bradykardie: stark verlangsamte Herztätigkeit.
broncholytisch: die Bronchien erweiternd.
choreatisch: unkontrollierte, schnelle Muskelzuckungen, »Veitstanz«-ähnlich.
Delirium: veränderte Bewußtseinslage, die sich verschieden äußern kann, z. B. durch Verwirrtheit, Angstzustände, wahnhafte Vorstellungen, begleitet von motorischer Unruhe, Schweißausbruch und Fieber.
Elektrolyte: chemische Grundstoffe (Blutsalze) im menschlichen Körper, die der Körper unter verschiedensten Bedingungen verlieren kann und die dann ersetzt werden müssen.
epileptiform: dem epileptischen Anfall ähnlich (Epilepsie = Fallsucht).
Euphorie: eine unter Umständen krankhaft gehobene Stimmung bei motivloser Heiterkeit.
Extremitäten: Gliedmaßen; Arme und Beine.
gastrointestinal: Magen und Darm betreffend.
hämolytisch: Hämolyse; Austritt von Blutfarbstoff bei Auflösung der roten Blutkörperchen.
Hämorrhagie: Durchtrittsblutung, z. B. durch Annagen eines Gefäßes.
Halluzination: Sinnestäuschung, »Wahrnehmung ohne Objekt«.
Hirnödem: feuchte Volumenzunahme des Gehirns = Hirnschwellung.
Hypoglykämie: Verminderung des Blutzuckers.
Hyposensibilisierung: der Versuch, durch ärztliche Behandlung die Überempfindlichkeit gegen bestimmte Stoffe oder Gifte herabzusetzen.
Inkubationszeit: Zeit von der Infektion bis zum Ausbruch einer Krankheit.
Insuffizienz: Schwäche, ungenügende Leistung.
Intentionsstörungen: hemmende oder ängstliche Vorstellungen, die die Ausführung bestimmter Handlungen verhindern.

Kolik: krampfartige Leibschmerzen, schmerzhaftes Zusammenziehen eines Hohlorganes (Darm-, Gallen-, Blasen- und Magenkolik).

Kollaps: international: »Schock«; der Begriff Kollaps wird aber auch in der inneren Medizin für einfache akute Kreislaufschwächen verwendet.

Koma: Bewußtlosigkeit; Zustand tiefster, durch äußere Reize nicht zu unterbrechende Bewußtseinsstörung.

Kontrakturstellungen: Gelenksteife und Bewegungseinschränkung durch Zusammenziehen von Muskelgruppen.

Latenz: symptomarme oder -freie Zeitspanne zwischen der Einnahme eines Giftes und dem Beginn der Wirkung.

Lungenödem: Durchtränkung der Lunge mit Flüssigkeit aus den Blutgefäßen.

Medulla oblongata: Verlängertes Mark; Sitz von Atem-, Herz-Kreislauf- und anderen wichtigen Reflexzentren.

motorisch: willkürliche aktive Bewegungsvorgänge betreffend.

Nekrose: örtliches Absterben von Organteilen oder Geweben.

Nephritis: Nierenentzündung.

oral: durch den Mund ...

psychomotorisch: Beeinflussung der Funktion des vegetativen Nervensystems (z. B. Kreislauf, Verdauung) durch psychische Vorgänge.

resorbieren: aufsaugen, aufnehmen.

Resorption: Aufnahme von Stoffen in die Blut- und Lymphbahn über den Magen-Darm-Kanal.

symptomatische Behandlung: Behandlung von Krankheitssymptomen bzw. Krankheitserscheinungen (nicht nach den Ursachen der Krankheit, nicht die Krankheit selbst).

Symptome: mit den menschlichen 5 Sinnen – ohne technische Hilfsmittel – wahrnehmbare Krankheitserscheinungen.

Syndrom: Gruppe von gleichzeitig auftretenden Krankheitssymptomen.

Therapie: Heilverfahren, Behandlung von Krankheiten.

Toxikologie: Lehre von Giften und Vergiftungen.

toxisch: giftig.

Vorhofflattern und -flimmern: Störung der Tätigkeit der Vorhöfe des Herzens.

Zeckenexposition: Gesamtheit der äußeren Krankheitsbedingungen, denen ein Organismus ausgesetzt ist und die durch den Zeckenbiß hervorgerufen wurden.

GIFTNOTRUF–ZENTRALEN

für Vergiftungsfälle in Deutschland

BERLIN UND BRANDENBURG
Reanimationszentrum des Universitätsklinikums Rudolf Virchow Standort Charlottenburg, Station 43, Therapiezentrum Augustenburgerplatz 1, D-13353 Berlin,
Tel.: 030/450-53555 oder
030/450-53565,
Fax: 030/450-53909

Landesberatungsstelle für Vergiftungserscheinungen u. Embryonaltoxikologie, Pulsstraße 3–7,
D-14050 Berlin,
Tel.: 030/19240,
Fax: 030/32680799

BREMEN, HAMBURG, SCHLESWIG-HOLSTEIN, NIEDERSACHSEN
Giftinformationszentrum Nord, Pharmakol. u. toxikol. Zentrum der Universität Göttingen,
Robert-Koch-Str. 40,
D-37075 Göttingen
Tel.: 0551/19240,
Fax: 0551/3831881

NORDRHEIN-WESTFALEN
Informationszentrale gegen Vergiftungen der Rheinische Friedrich-Wilhelms-Universität, Zentrum für Kinderheilkunde,
Adenauerallee 119,
D-53113 Bonn,
Tel.: 0228/287-3211 oder
0228/287-3333,
Fax: 0228/287-3314

HESSEN UND RHEINLAND-PFALZ
Beratungsstelle bei Vergiftungen der II. Med. Klinik und Poliklinik der Universität,
Langenbeckstr. 1,
D-55131 Mainz,
Tel.: 06131/19240,
Fax: 06131/176-605

SAARLAND
Klinik für Kinder- und Jugendmedizin im Landeskrankenhaus,
Oskar-Orth-Str. 6
D-66421 Homburg/Saar,
Tel.: 06841/19240,
Fax: 06841/16-8314

BADEN-WÜRTTEMBERG
Informationszentrale für Vergiftungen, Universitätskinderklinik Freiburg, Mathildenstraße 1,
D-79106 Freiburg,
Tel.: 0761/270-4361 oder
0761/270-4300 (Zentrale),
Fax: 0761/270-4457

BAYERN
Giftnotruf München
Toxikologische Abteilung
der II. Med. Klinik rechts der Isar der TUM, Ismaninger Straße 22,
D-81675 München,
Tel.: 089/19240,
Fax: 089/4140-2467

Toxikologische Intensivstation der II. Med. Klinik im Städt. Klinikum,
Flurstr. 17, D-90419 Nürnberg,
Tel.: 0911/398-2451,
Fax: 0911/398-2205

MECKLENBURG-VORPOMMERN, SACHSEN, SACHSEN-ANHALT UND THÜRINGEN
Gemeinsames Giftinformationszentrum der Länder,
c/o Klinikum Erfurt GmbH,
Nordhaeuser Str. 74,
D-99098 Erfurt,
Tel.: 0361/730-730 oder
0361/730-7311,
Fax: 0361/730-7317

Über den Giftnotruf München (Toxikologische Abteilung der II. Medizinischen Klinik rechts der Isar der TU) kann man zu jeder Tages- und Nachtzeit erfahren, wo man ein bestimmtes Serum z. B. gegen Bisse von Giftschlangen und Spinnen oder gegen Stiche von Skorpionen erhalten kann, wer dort der Ansprechpartner ist und in welcher Menge das Serum vorrätig ist.

Europäische Zentren mit durchgehendem 24-Stunden-Dienst

Austria
Vergiftungsinformationszentrale,
Allgemeines Krankenhaus,
Währinger Gürtel 18–20, 1090 Wien
Tel.: (1) 40400/2222
Notruf: (1) 4064343
Sprachen: Deutsch, Englisch,
(Französisch)

Belgien
Centre National de Prévention et de Traitement des Intoxications Centre Antipoisons,
Rue Joseph-Stallaert, nr. 1, bte 15,
1060 Bruxelles
Tel.: Notruf: (32) 2345 4545
Verwaltung u. Sekr.:
(32) 23459474-23451818
Telefax: (32) 23475860
Sprachen: Französisch, Flämisch, Englisch,
(Deutsch)

Bulgarien
National Center of Clinical, Toxicology
Emergency, Medical Institute »Pirogov«,
1606 Sofia
Tel.: (00) 3592/5153234/515 3409/
5153546
Sprachen: Bulgarisch, Englisch, Deutsch,
(Französisch)

Dänemark
Giftinformationscentralen, Poisons
Information Centre Rigshospitalet, 7122,
Tagensvej 20, 2200 Kopenhagen N
Tel.: 35453545, 31394233,
Telefax: 35457349
Sprachen: Dänisch, Englisch, (Deutsch)

Finnland
Poison Information Centre,
Department of Clinical Pharmacology,
University Central Hospital
Stenbäckinkatu 11, 00290 Helsinki
Tel.: 0/2414392, 0/4711/2788
Telefax: 0/4714702
Sprachen: Finnisch, Schwedisch, Englisch

Frankreich
Centre Anti Poisons, Service de Pharmaco-Toxicovigilance et Centre Anti-Poisons,
Hôpital Edouard Herriot, 5 Place d'Arsonval,
69003 Lyon
Tel.: (33) 72116911
Telefax: (33) 72116985
Sprachen: Französisch, Englisch

Centre Anti-Poisons de Lille, C. H. R.,
5 avenue Oscar Lambret,
59037 Lille Cedex
Tel.: 20/545556
Telefax: 20/445591
Sprachen: Französisch

Centre anti-Poisons de Marseille,
Hôpital Salvator,
249, bd Ste-Marguerite
Tel.: (33) 91/752525
Telefax: (33) 91/744168
Sprachen: Französisch, Englisch,
(Italienisch), (Spanisch)

Centre Antipoisons de Nancy,
Hôspital Central, 29, Avenue
Maréchal-de-Lattre-de-Tassigny,
54035 Nancy Cedex
Tel.: 83852626
Telefax: 83852615
Sprachen: Französisch

Griechenland
Poison Information Centre, Childrens
Hospital »Aglaia Kyriakou«, 11527 Athen
Tel.: (0) 1/7793777
Telefax: (0) 1/7486114
Sprachen: Griechisch, Englisch

Großbritanien
National Poisons Information Service,
West Midlands Poisons Unit,
City Hospital NHS Trust, Dudley Road,
Birmingham B18 7QH
Tel.: (0) 121507 5588/9
Telefax: (0) 121507 5580
Sprachen: Englisch

Welsh National Poisons Unit,
Ward West 5, Llandough Hospital, Penarth,
South Glamorgan,
Cardiff CF6 1XX
Tel.: (0) 1222/709901
Telefax: (0) 1222/704357
Sprachen: Englisch

Scottish Poisons Information Bureau, The Royal Infirmary, Lauriston Place, Edinburgh EH3 9 YW (Scotland)
Tel.: (0) 131/5362298
Telefax: (0) 131/5362304
TOXBASE: (0) 131/5363333 (subscribers only)
Sprachen: Englisch

Leeds Poisons Information Service, Pharmacy Department, The General Hospital, Great George Street, Leeds LS1 3EX
Tel.: (0) 113/2430715
Telefax: (0) 1132/445849
Sprachen: Englisch

National Poisons, Information Service (L), Medical Toxicology Unit, Avonley Road, London SE14 5ER
Tel.: 00441 71/635-9191
Telefax: 00441 71/6351053
Sprachen: Englisch

Northern Regional Drug & Therapeutics Centre, Wolfson Unit, Claremont Place, Newcastle upon Tyne NE1 4 LP
Tel.: (0) 191/232-1525 (direct line, normal office hours)
(0) 191/232-5131 (24 hour service)
Telefax: (0) 191/261-5733
Sprachen: Englisch

Irland
Poisons Information Centre, Royal Victoria Hospital, Grosvenor Road, Belfast BT 12 6BA
Tel.: (0) 1232/240503 ext. 2032 (24 hour service)
(0) 1232/248095 (Regional Drug Information Service)
Telefax: (0) 1232/248030
Sprachen: Englisch

Poisons Information Centre, Beaumont Hospital, PO Box 1297, Beaumont Road, Dublin 9
Tel.: 0103531/8379964
Telefax: 0103531/8376982
Sprachen: Englisch

Italien
Centro antiveleni, Ospedale Niguarda »Ca Granda«, Piazza Ospedale Maggiore 3, 20162 Milano
Tel.: (0) 2/66101029
Telefax: (0) 2/64442768
Sprachen: Italienisch, (Französisch), (Englisch)

Centro antiveleni, Università di Roma, Policlinico Umberto I, Viale del Policlinico 155, 00161 Roma
Tel.: (0) 6/490663
Sprachen: Italienisch, Französisch, Englisch

Centro Antiveleni, Università di Torino, Corso A. M. Dogliotti, 14, 10126 Torino
Tel.: (0) 11/6637637
Sprachen: Italienisch, Französisch, Englisch

Niederlande
Nationaal Vergiftigingen, Informatie Centrum, Rijksinstituut voor Volksgezondheid en Milieuhygiene, Antonie van Leeuwenhoeklaan 9, Postbus 1, 3720BA Bilthoven
Tel.: (0) 30/748888
Sprachen: Holländisch, (Französisch), (Englisch), (Deutsch)

Norwegen
Giftinformasjonssentralen, National Poison Information Centre, P. O. Box 8189 Dep., 0034 Oslo 1
Tel.: (47) 22608460
Telefax: (47) 22608575
Sprachen: Norwegisch, Englisch

Polen
National Poisons Information Centre and Clinical Department of Toxicology, The Nofer Institute of Occupational Medicine, ul. św. Teresy 8, P. O. Box 199, 90-950 Łódź
Tel.: 48 (42) 574295/314724
Telex: 885360 imp pl
Telefax: 48 (42) 314702/348331
Sprachen: Polnisch, Englisch, Deutsch

Poison Centre of Warsaw, Pl. Weteranas 4, 03-401 Warszawa
Tel.: 048261908 97, 04826196654
Telefax: 04826196943
Sprachen: Polnisch und Englisch 24 Std., (Deutsch) und (Französisch) 8.00–14.00 Uhr

Portugal
Centro de Informação Antivenenos, Instituto Nacional de Emergência Médica,
Rua Infante D. Pedro. 8,
1799 Lisboa Cedex
Tel.: (35 11) 7 95 01 43, 7 95 01 44, 7 95 01 46
Telefax: (35 11) 7 93 71 24
Sprachen: Portugisisch, Französisch, (Englisch)

Schweden
Giftinformationscentralen,
Poison Information Centre,
Karolinska Sjukhuset, 17176 Stockholm
Tel.: (0) 8/33 12 31
Telefax: 08/32 75 84
Sprachen: Schwedisch, Englisch, (Deutsch)

Schweiz
Schweizerisches Toxikologisches Informationszentrum, Klosbachstraße 107,
8030 Zürich
Tel.: (0) 1/2 51 51 51 (Notfälle),
(0) 1/2 51 66 66 (nichtdringliche Anfragen)
Telefax: (0) 1/2 52 88 33
Sprachen: Deutsch, Englisch, Französisch, (Italienisch)

Spanien
Servicio Nacional de Información, Toxicológica, INSTITUTO NACIONAL DE TOXICOLOGIA,
c/Luis Cabrera, 9,
28002 Madrid
Tel.: (34) 1/5 62-04-20
Sprachen: Spanisch, Englisch

Tschechische Republik
Poison Information Centre,
Clinic for Occupational Diseases,
Vysehradska 49, 12821 Prag 2
Tel./Telefax: (42) 2/29 38 68
Sprachen: Tschechisch, Englisch, Deutsch, (Französisch)

Slowakische Republik
Poison Information Centre,
Clinic of Occupational Diseases and Toxicology, Ďumbierska 3,
83101 Bratislava
Tel.: 4 27/37 41 66
Sprachen: Slowakisch, Deutsch, Englisch

Ungarn
Departement of Clinical Toxicology,
Hospital Elizabeth,
Alsóerdösor 7,
Budapest VII
Tel.: (36) 1 21 52 15
Telefax: (36) 1 22 94 60
Sprachen: Ungarisch, Deutsch, Englisch

Europäische Zentren mit noch nicht durchgehendem 24-Stunden-Dienst

Dänemark
Arbejdsmiljøinstituttet,
Produktregistret, Postbox 850,
Lersø Parkalle 105,
2100 Kopenhagen Ø
Tel.: (45) 39 29 97 11
Telefax: (45) 39 29 97 12
(Montag–Freitag) 9.00–15.00 Uhr
Sprachen: Dänisch, Englisch, (Deutsch)

Rumänien
Centre anit-Poisons, National, Institute of Legal Medicine: Sos. Vitan Birzesti 9,
Sector 4, 75669 Bukarest
Tel.: (4 01) 6 34 38 90/1 35
Telefax: (4 01) 3 21 02 60
Sprachen: Rumänisch, Französisch, Englisch, Deutsch

Spanien
INSTITUTO NACIONAL DE TOXICOLOGIA,
c/Calle de la Mercé, 1,
08002 Barcelona
Tel.: (34) 3/3 17 44 00
Telefax: (34) 3/3 18 25 30
Sprachen: Spanisch, Französisch

INSTITUTO NACIONAL DE TOXICOLOGIA, Servicio de Información Toxicológica,
Ctra. San Jerónimo, Km. 0,4,
P.O. Box 863,
41080 Sevilla
Tel.: (34) 5/4 37 12 33
Telefax: (34) 5/4 37 02 62
Sprachen: Spanisch

Register

Pflanzen

Wissenschaftliche Namen

Deutsche Namen

Tiere

Wissenschaftliche Namen

Deutsche Namen

BLV

BLV Verlagsgesellschaft mbH
Lothstr. 29 · 80797 München
Telefon 089/12705-0
Telefax 089/12705-543